熱門旺店不藏私！

亞洲人氣麵料理

瑞昇文化

熱門旺店不藏私！

亞洲人氣麵料理

Contents

香港

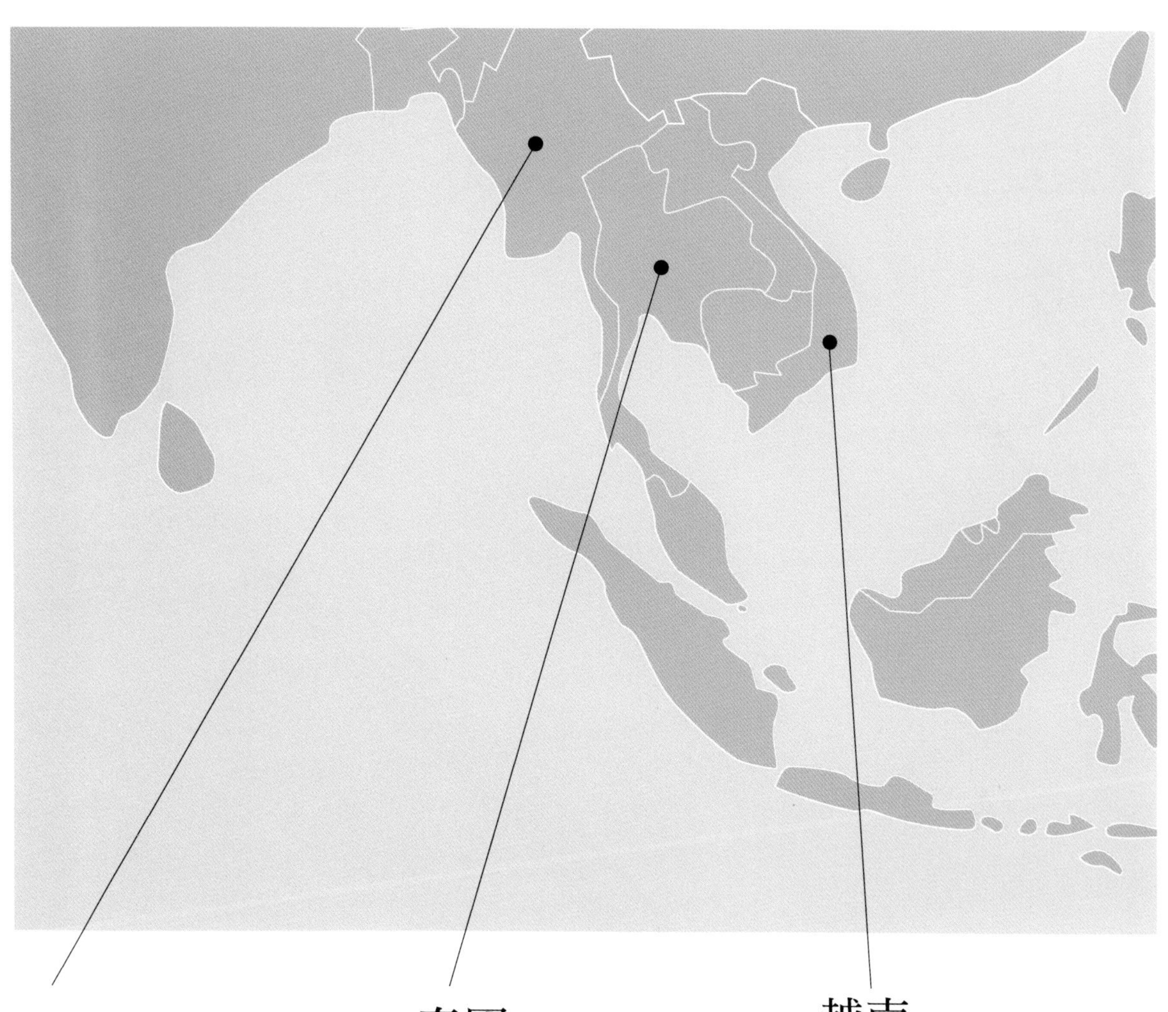

緬甸

泰國

越南

新加坡

馬來西亞

熱門旺店不藏私！

亞洲人氣麵料理

Contents

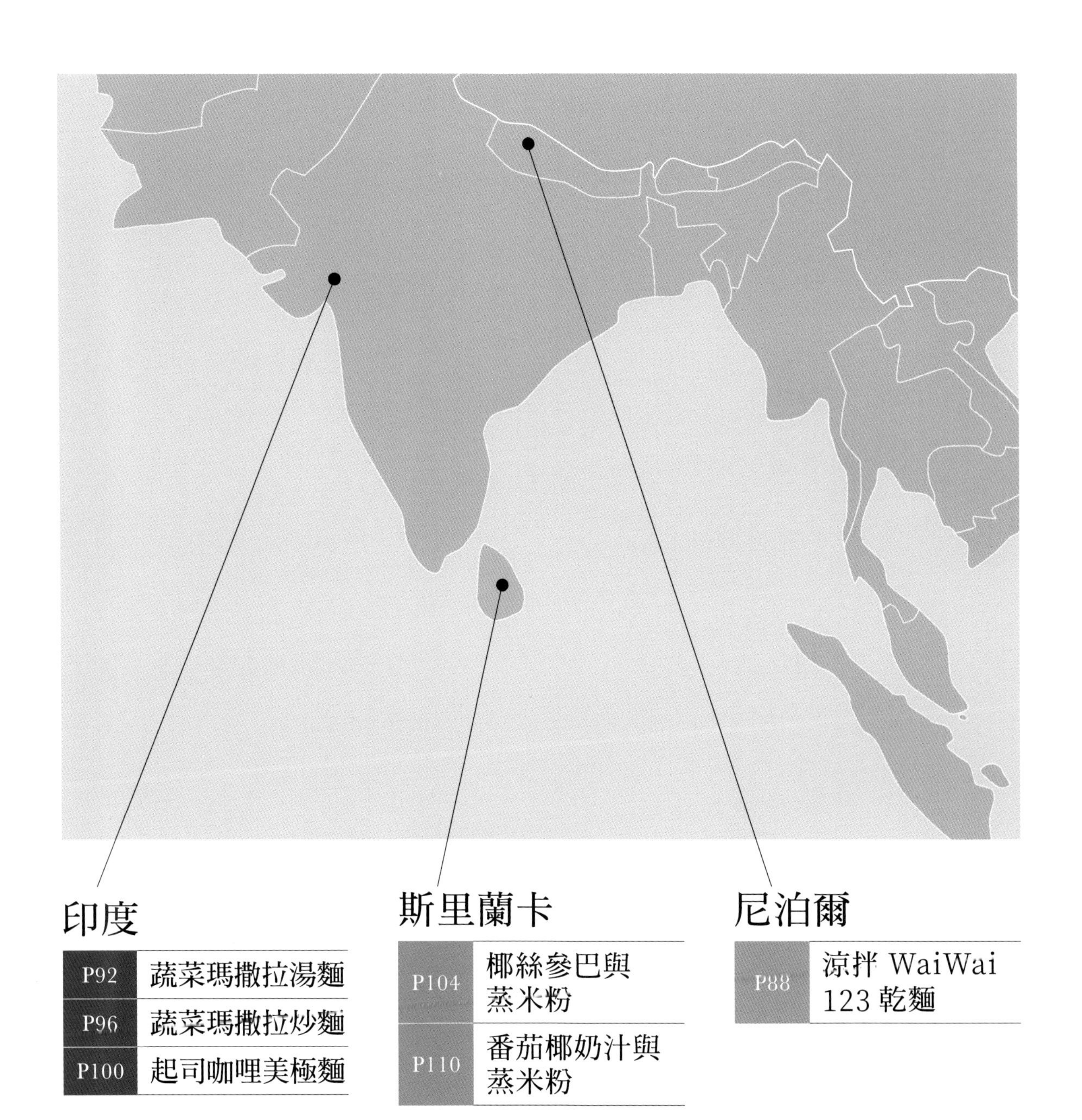

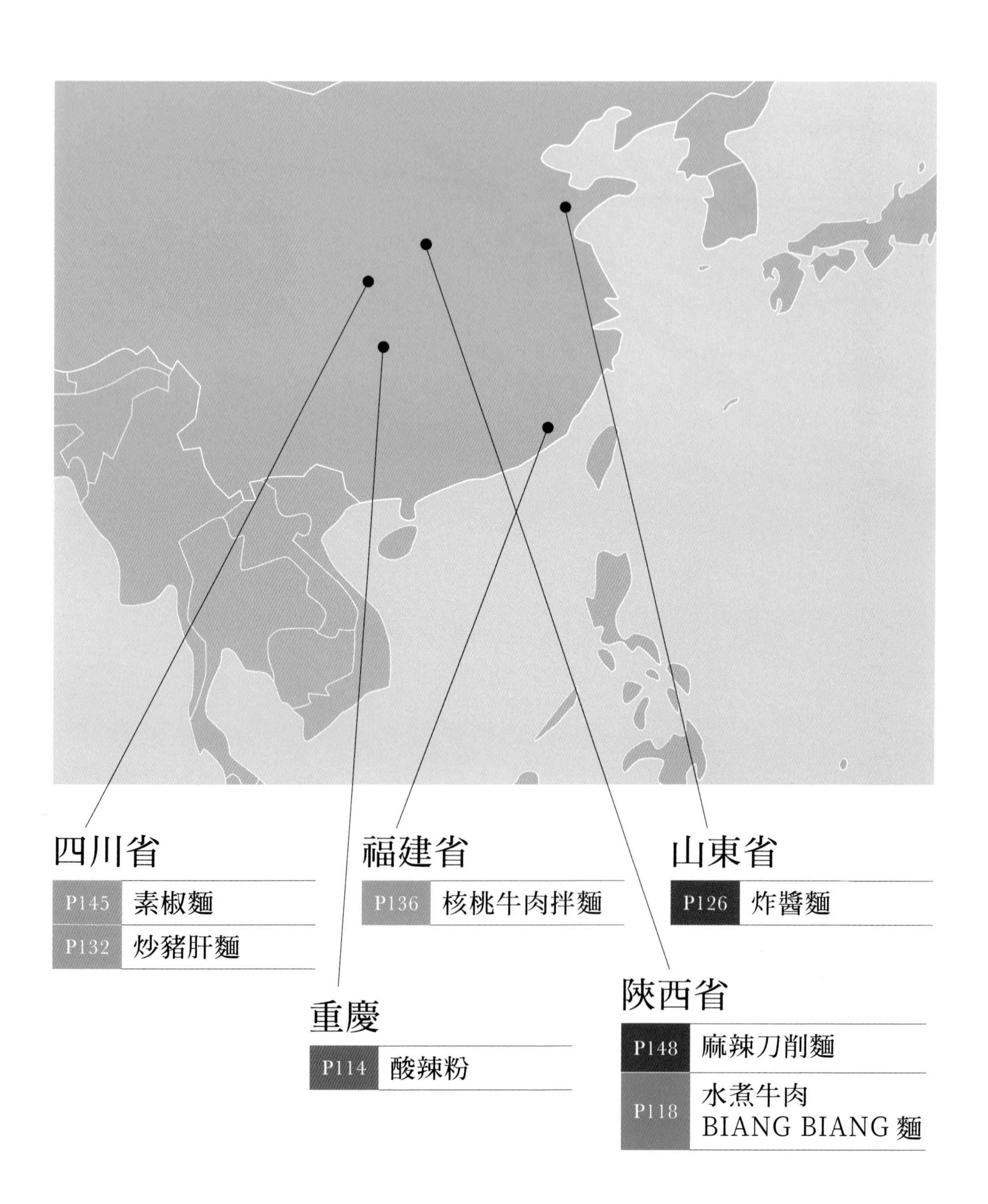
四川省
P145 素椒麵
P132 炒豬肝麵
福建省
P136 核桃牛肉拌麵
山東省
P126 炸醬麵
重慶
P114 酸辣粉
陝西省
P148 麻辣刀削麵
P118 水煮牛肉
BIANG BIANG 麵

韓國

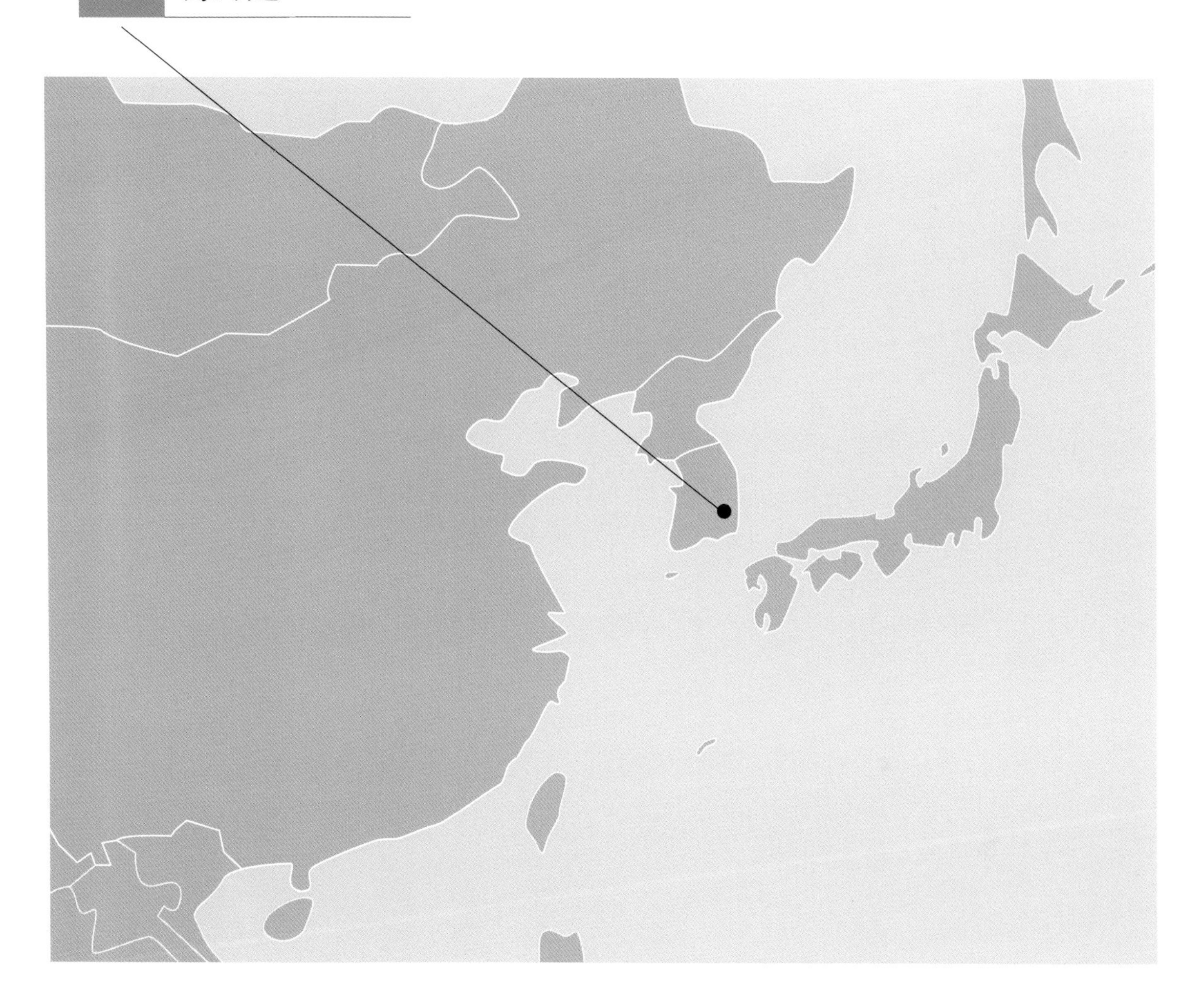

閱讀本書之前

- ●烹調步驟解說中註記的加熱時間與加熱方法，皆依據各店家所使用的烹調器具。
- ●材料名稱、使用器具名稱皆為各店家慣用的稱呼方式。
- ●書中部分料理的材料用量全憑主廚的目測與感覺，因此未能詳細記載分量。
- ●書中記載的各店家烹調方式為取材當時（2023 年 1 月～ 2023 年 6 月）所取得的資訊。
- ●書中收錄的麵食料理，有些並非店家的常規菜單品項。
- ●標示「參考菜單」者為店家特地為本書企劃所特別烹煮的料理。
- ●書中收錄的麵食料理盛裝方式、使用器皿，以及各店家地址、營業時間、公休日為 2023 年 6 月的最新資訊。

店家介紹

接下來為大家介紹提供這些美味麵食料理的店家。
營業時間、公休日可能有所變更。

※L.O.：Last Older，最後下單時間。

香港飲茶 点心厨房

ホンコンヤムチャ テンシンチュウボウ

P12

從早餐開始就能享受香港美味！

2021 年 12 月 11 日開幕。來自香港主廚講究又道地的香港美味，因為忠於原味，客人的評價都相當不錯。中國客人約占總客群的一半。最受青睞的菜單品項是蒸蝦餃、鮮蝦餛飩麵、廣東風味牛肉蔬菜米粉。僅限平日下午 2 點半～ 5 點半，所有菜單品項皆 85 折優待。

◎地址／東京都渋谷区代々木 1 丁目 42 番地 4 号代々木 P1 ビル 1 階
◎電話／ 03-6300-6889
◎營業時間／週一～週五　8：30 ～ 22：00（料理 L.O.21：30 飲品 .O.21：30）／
週六、週日、國定假日 10：00 ～ 22：00（料理 L.O.21：30 飲品 .O.21：30）※ 僅平日接受預約
◎公休日／不定期
https://akr1659060178.owst.jp/

VIETNAM ALICE マロニエゲート銀座 1 店

ヴェトナム・アリス

P22

講究蔬菜美味的越南料理老字號店家

開幕於越南料理在日本尚不普及的時代，致力於將各式各樣的越南菜推廣給更多日本人。店內擺設許多具品味的越南生活用品，開放式的空間設計更深受不少女性喜愛。在主廚的巧思下，從越南工廠特別訂購的越南河粉不僅充滿道地的濃濃越南味，也非常符合日本人的口味。另一方面，主廚十分講究蔬菜，店裡甚至備有素食菜單。

◎地址／東京都中央区銀座 2－2－14　マロニエゲート銀座 1－11F
◎電話／ 03-5250-0801
◎營業時間／週一～週日、國定假日、國定假日前一天　11：00～23：00（料理 L.O.22：00 飲品 .O.22：00）午餐 11：00 ～ 17：00　晚餐 17：00 ※ 晚餐 L.O. 時間、營業時間視情況可能有所變動
◎公休日 / 不定期（以マロニエゲート銀座 1 營業時間為準）
https://vietnamalice.owst.jp/

泰國料理 みもっと

P26

賦予在泰國學習的料理創新生命

和派駐泰國的先生一起住在曼谷的期間，利用閒暇之餘前往當地烹飪教室學習泰式料理，基於這個契機，回國後以「MYMOT 老師」之名成立一間泰式料理烹飪教室，之後更開了一家泰式料理餐館。餐館僅晚上營業，而且採用 2 梯次且同時間用餐的方式經營。配合日本季節的更迭，使用當季食材提供泰式料理套餐。料理充滿道地泰國美味且極具獨創性，創新泰式料理吸引不少粉絲朝聖，火紅程度破表，想預約只能各憑本事。

◎地址／東京都目黒区目黒 1-24-7
◎電話／非公開
◎營業時間／週三、週四、週五、週六　17：30 ～ 22：00 同時間用餐
◎公休日／週一、週二、週三
預約　mymot.at/yoyaku

mango tree cafe 新宿

マンゴツリーカフェ

P30

位於泰國曼谷「mango tree」的姐妹店。為了讓大家更親近泰式料理，「mango tree cafe」1號店於2006年開幕，除了單點菜單，還提供泰國路邊攤常見的菜配飯組合「可選式街頭美食」。這間店同時也是泰國政府認定的「泰精選（Thai SELECT）」餐廳之一。

◎地址／東京都新宿区西新宿1－1－5 ルミネ新宿店　ルミネ1-7階
◎電話／03-6380-2535
◎營業時間／11：00～22：00（L.O. 21：30）　午餐1500日圓起　晚餐2000日圓起
◎公休日／無
https://www.arclandservice.co.jp/mangotree/mangotree-cafe/

讓顧客以最悠閒的方式享用泰國傳統美味

CHOMPOO

チョンプー

P48

2019年開幕於澀谷PARCO。店內菜單由一手策劃這間餐廳的行政主廚森枝幹先生設計，使用不少對身體有益的香草與發酵食品，以多樣化食材襯托泰式料理的美味。有趣又美觀的菜餚深受各個年齡層的客人喜愛，尤其女性客人更是占了總客群的9成之多。

◎地址／東京都渋谷区宇田川町15-1 渋谷PARCO4階
◎電話／03-6455-0396
◎營業時間／午餐時間11：30～14：00（L.O.13：30）
下午茶時間14：00～18：00（L.O.17：30）
晚餐時間18：00～23：00（LO.21：30）
◎公休日／無

充滿視覺饗宴的泰式料理

SWE MYANMAR

スィウ緬甸

P56

餐廳位在高田馬場車站前的商店街「SAKAE街（さかえ通り）」裡，開幕於2012年11月。由緬甸人老闆TAN・SUWIU和TAN・TAN・CYAIN夫婦一起經營。餐廳提供的緬甸料理多達90種以上，最大特色就是種類豐富的菜單。餐點中所使用的食材多半從緬甸直接進口。

◎地址／東京都新宿区高田馬場3丁目5番地7号
◎電話／03-5937-0127
◎營業時間／週二～週日　11：00～15：00　17：00～23：00
◎公休日／週一

餐廳提供90種以上的緬甸料理

獅天鶏飯

シテンケイハン

P68

2022年利用從東京・新橋搬遷至澀谷的機會，轉型開了一間「新加坡町中華」。菜單中融入源自中國南方（廣東菜和潮州菜等）的新加坡料理。將高級走向的新加坡料理重新設計成適合下酒的町中華風美食，以居酒屋的形式吸引不少客人前來捧場。

◎地址／東京都渋谷区渋谷3-18-10 大野ビル2号館2F
◎電話／03-6811-1193
◎營業時間／週一～週五　晝11：30～15：00　夜17：00～24：00
週六、週日、國定假日　11：30～24：00
午餐950日圓起　晚餐3000日圓起
◎公休日／不定期
https://www.instagram.com/shiten_k_han/

確立新加坡中華的新流派

SINGAPORE HOLIC LAKSA

新加坡ホリック ラクサ

P78

在新加坡旅遊期間，對當地叻沙的美味深感驚艷。於是向當地新加坡人主廚學習烹煮叻沙，並且在日本開設第一間叻沙專門店，期望讓更多日本人能夠享用道地的叻沙美味。叻沙是一種混合中國南部料理和馬來半島料理的娘惹菜麵食。餐廳提供的加東叻沙最大特色是濃郁湯頭裡充滿各式各樣的香料味，不僅有濃郁的蝦味，還有香醇的椰奶味。

◎地址／東京都渋谷区宇田川町37-15 ARISTO渋谷2階
◎電話／03-6804-1833
◎營業時間／11：30～23：00（L.O.22：00）
◎公休日／年終年初
https://r.goope.jp/llcsngholiclaksa/about

在當地學習的加東叻沙專門店

MALAY ASIAN CUISINE

マレーアジアンクイジーン

P82

馬來西亞老字號食品製造商「Brahim's Food」的系列餐廳，於 2014 年開幕。馬來西亞有許多伊斯蘭教教徒，該餐廳提供的餐點使用遵循戒律的烹調方式，伊斯蘭教教徒也能夠安心食用，因此相當受到客人喜愛。餐廳的菜單品項以「叻沙」（飲食多樣化國家的鄉土麵食）為首，另外還包含中式炒物和咖哩等。

◎地址／東京都渋谷区渋谷 2-9-9 青山ビル 2 階
◎電話／ 03-3486-1388
◎營業時間／昼 11：00 ～ 14：30（L.O.14：00） 夜 17：00 ～ 22：00（L.O. 21：30）
最低消費：午餐 1150 日圓起 晚餐 2750 日圓起
◎公休日／週三
https://www.malayasiancuisine.com/

馬來西亞人主廚大顯身手的餐廳

MANAKANAMA

マナカマナ

P88

自從 1998 年開幕以來，該餐廳深受在東京工作的尼泊爾人和當地居民喜愛。午餐時段以自助餐方式提供，客人能夠盡情享用各式各樣的尼泊爾咖哩。餐廳也有不少能夠外帶的美味料理。格爾 ・ 提爾 ・ 巴哈杜爾主廚親手料理的尼泊爾菜更是讓客人讚不絕口。

◎地址／東京都板橋区大山東町 59-20-2 階
◎電話／ 03-5375-6555
◎營業時間 /11：00 ～ 15：00 17：00 ～ 22：30
◎公休日／年終年初、臨時公休

深受當地人熱愛長達 25 年！

Goda Cafe

ゴーダカフェ

P92

該餐廳提供西印度 ・ 孟買料理。2017 年 9 月開幕。孟買當地的有名街頭小吃三明治，日本也以「孟買三明治」之名（已取得註冊商標）於國內開始販售。
另外餐廳也獨自開發並販售搭配三明治使用的「GODA CAFE SANDWICH SPICE」和「GODA CAFE TABLE SPICE」。

◎地址／東京都世田谷区若林 4-30-9 グリーンハウス 1 階
◎電話／ 03-6413-8019
◎營業時間／ 11：30 ～ 15：00（晚上提供舉辦宴會或包場）
◎公休日／週四

開發獨創香料

yum-yum kade

ヤムヤムカデー

P104

古積由美子小姐曾在印度 ・ 香料教室擔任講師長達 11 年，並於 2019 年開設一家以斯里蘭卡料理為中心的香料店。該店經常舉辦香料料理講習會、烹飪教室和各類型活動。

◎地址／東京都文京区向丘 1-9-18
◎電話／ 080-6696-0715
◎營業時間 /11：30 ～ 17：00（午餐餐點售罄即歇業）晚上 6 人以上預約包場的話即營業。
週末營業時間可能因活動或烹飪教室而更動。
◎公休日／週一、週日、國定假日
https://www.facebook.com/yumyumkade

辦理活用各式香料的料理講習會

辣上帝

ラシャンティ

P114

店長至中國 ・ 重慶旅遊時，深受當地美食酸辣粉的吸引而為之著迷，於是在 2011 年 4 月開了一間酸辣粉專賣店。為了重現重慶道地美味，店長甚至拜訪重慶多達 10 次以上，不僅研究 Q 彈的極粗冬粉，還特地從重慶進口肉醬。來餐廳外帶的客人也相當多。

◎地址／東京都世田谷区豪徳寺 1-16-13 ハイムクロスシー 1 階
◎營業時間／週一、週五 12：00 ～ 15：00 17：00 ～ 21：00 週二 12：00 ～ 15：00
週六、週日、國定假日 11：00 ～ 18：00
◎公休日／週三、週四
https://www.lashangtea.com

酸辣粉專賣店！

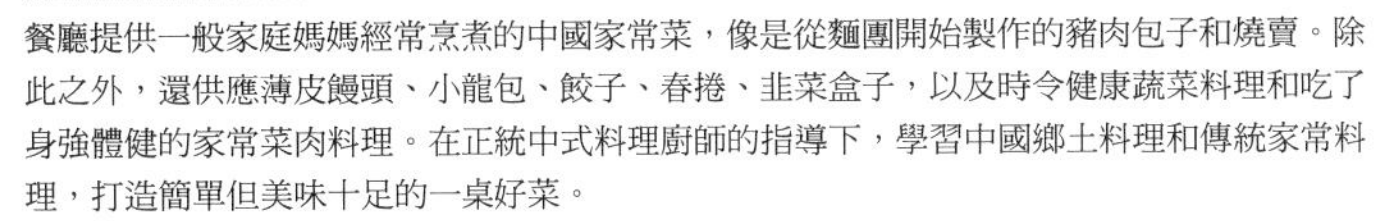

田燕 まるかく三　P118

デンエン

品嚐手作中國傳統家常菜的美味

餐廳提供一般家庭媽媽經常烹煮的中國家常菜，像是從麵團開始製作的豬肉包子和燒賣。除此之外，還供應薄皮饅頭、小籠包、餃子、春捲、韭菜盒子，以及時令健康蔬菜料理和吃了身強體健的家常菜肉料理。在正統中式料理廚師的指導下，學習中國鄉土料理和傳統家常料理，打造簡單但美味十足的一桌好菜。

◎地址／東京都目黒区大橋２丁目 22- 8 いちご池尻ビル 1F
◎電話／ 03-5790-0123
◎營業時間／午餐 11：30 ～ 15：00（L.O.14：30）　晚餐 週一～週五 17：00 ～ 22：00（L.O.21：30）　週六、週日、國定假日 17：00 ～ 21：30（L.O.21：00）
◎公休日 / 無
https://kiwa-group.co.jp/marukakusan_ikejiri/

月居 赤坂　P126

ゲッキョ

每月更換富含營養素的中華料理

提供每個月更換當季套餐的中國割烹餐館。船倉卓磨主廚因深受使用多樣化食材烹煮的中式料理所吸引，所以立志成為一名中華料理廚師，也曾經在廣東菜餐廳的赤坂璃宮接受譚彥彬廚師的訓練。之後，漫步於香港和北京等地，親身體驗各式各樣的中華風情，並且基於在當地學到的味道，設計出獨創一格的中華料理美味。

◎地址／東京都港区赤坂 5-1-30
◎電話／ 03-3589-5514
◎營業時間／週一～週五　午餐 11：30 ～ 15：00（L.O.14：30）　晚餐 17：30 ～ 22：30（L.O.21：00）　週六、國定假日　晚餐 17：30 ～ 22：30（L.O.21：30）※ 僅晚餐時段接受預約
◎公休日／週日
https://kiwa-group.co.jp/gekkyo/

上海湯包小館 BINO 栄店　P132

シャンハイタンパオショウカン

招牌餐點是講究色香味的小籠包

2023 年 4 月於名古屋榮地區開幕。堅持親手製作每一顆小籠包，用心且細心的捏製，每顆小籠包不僅皮薄，肉餡更是飽滿多汁，可說是餐廳的招牌餐點。除此之外，餐廳還提供道地的正宗中華料理、期間限定餐點等多樣化料理，打造一人或全家人都能輕鬆入內享用的餐館。

◎地址／愛知県名古屋市中区錦３丁目 24-17BINO 栄 B1F
◎電話／ 052-291-4997
◎營業時間／ 11：00 ～ 22：00　※ 營業時間可能有所變動
◎公休日／無
http://www.fiverecipe.co.jp

刀削麵・火鍋・西安料理 XI'AN 新宿西口店　P148

シーアン

提供當地西安的美味

這是一家西安料理專賣店，使用多種香料烹煮出各式獨創佳餚。該餐廳的特色是刀削麵、火鍋、傳統點心等料理的味道都和西安當地烹煮的味道一模一樣。在當地西安學習的特級廚師和特級麵點師完全重現西安當地的美味，餐廳裝潢也複製西安大排檔的擺設，呈現當地小販活絡的氣氛。

◎地址／東京都新宿区西新宿 1-12-5　新宿三平ビル 4 階
◎電話／ 050-5486-5633
◎營業時間／週一～週五　11：30 ～ 15：00（L.O.14：30）　17：30 ～ 23：00（L.O.22：00）
週六、週日、國定假日　11：30 ～ 15：30（L.O.15：00）　17：00 ～ 23：00（L.O.22：00）
◎公休日／無

焼肉 冷麺 ユッチャン 六本木店　P156

來自夏威夷的人氣冷麵登陸日本

在這裡可以品嚐來自夏威夷著名餐廳「Yu Chun Korean Restaurant」的有名餐點，以水冷麵（湯頭呈霰狀）為主，還有最高級和牛燒肉和正宗韓式料理。在東京名店學習並累積經驗的主廚不僅精挑細選和牛，更以最佳刀工和燒烤方式提供美味和牛供客人享用。餐廳還有能夠重現韓國媽媽料理味道的廚師，為大家提供道地的家常菜味道。銀座、大阪、京都陸續有分店開幕。

◎地址／東京都港区六本木 7 丁目 17-24
◎電話 /03-6459-2969
◎營業時間／ 11:30 ～ 23:00（L.O.22:30）
◎公休日／年終年初
https://yuchuntokyo.com/

東京・代々木

香港飲茶点心厨房

ホンコンヤムチャ テンシンチュウボウ

店家介紹詳見 P8

鮮蝦雲吞

材料包含鮮蝦、香菇、竹筍、切細碎的慈菇（茨菰）。一碗鮮蝦雲吞麵裡有 4 顆雲吞。

港式生麵

雲吞麵使用從香港進口的生麵。1 人份 140g。

鮮蝦雲吞麵

店長菜菜子小姐表示「我們想要提供正統的香港味道，若不是從香港聘請廚師，就是尋找住在日本的香港籍廚師。」而誠如店長所說，餐廳裡負責大顯身手的主廚正是來自香港的料理職人。眾多料理品項中，最受客人青睞的是鮮蝦雲吞麵、鮮蝦蒸餃，以及廣式牛肉蔬菜米粉。

鮮蝦雲吞麵的湯頭只用於該項餐點，不用於其他料理。特色是除了使用豬骨、雞骨架等動物類食材外，還添加鰈魚乾和蝦乾等魚貝類乾貨熬湯。為了去除乾貨的腥味，熬煮前先以烤箱稍微烘烤，打造口感清爽且鮮味多層次的味道。陳秀維主廚表示香港其實不太使用雞骨架，然而為了配合喜歡拉麵的日本人，特地添加雞骨架熬湯。麵條則是使用香港原裝進口的生麵，汆燙後用冷水沖洗，讓口感更具咬勁。盛裝於碗裡時則採用港式作法，先放入雲吞再放入麵條，最後注入湯頭。

鮮蝦雲吞麵
海老ワンタン麵

材料

雲吞麵專用湯頭 ※（P16）
港式生麵
鮮蝦雲吞
韭黃

作法

1

水煮雲吞。烹煮時間為 4 分鐘左右。

2

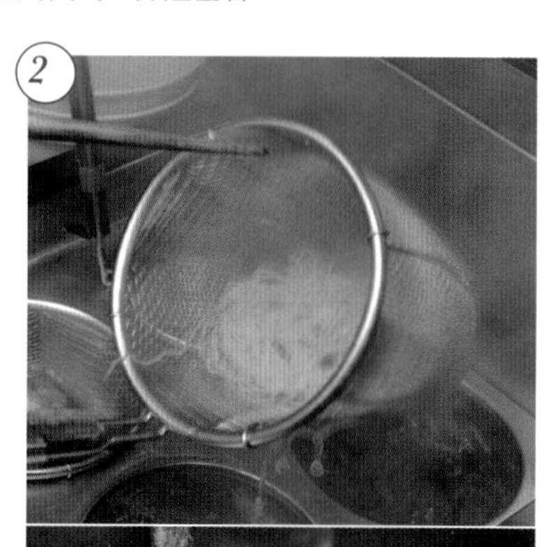

煮雲吞的同時開始煮麵。煮麵時間大約 15 秒。煮熟後以冷水沖洗，使得麵條更為紮實，接著再煮 15 秒，同樣以冷水沖洗，麵條會變得更具咬勁。

將煮好的雲吞放入碗中，然後放入煮好的麵條。

先注入湯頭，最後再鋪上韭黃。

※ 雲吞麵專用湯頭

材料（容易製作的分量）

鰈魚乾
蝦乾
雞骨架
全雞（老母雞）
豬梅花肉
豬前腿骨
生薑
鹽
烹大師調味料
雞湯塊
海醬

作法

1

將鰈魚乾和蝦乾放入 215℃烤箱中烘烤 15 分鐘。利用烘烤去除乾貨的魚腥味。

2

將烘烤後的鰈魚乾和蝦乾放入裝好水的深鍋裡，接著放入生薑片。

3

將豬前腿骨、全雞、雞骨架依序放入深鍋裡。雞骨架於使用前先清洗乾淨。

放入豬梅花肉後開火加熱。以大火煮至沸騰。

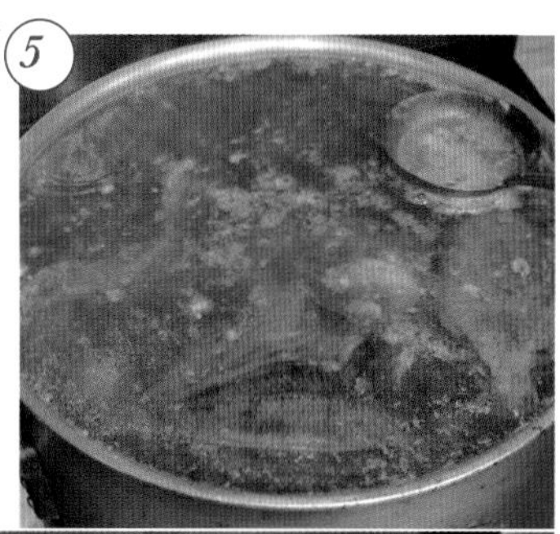

沸騰後轉為小火慢慢熬煮 5 個小時。熬煮過程中撈除浮於表面的浮渣。

過濾後以鹽、烹大師調味料、雞湯塊、海醬等調味，製作成雲吞麵專用湯頭。

東京・代々木

香港飲茶点心廚房

店家介紹詳見 P8

港式乾麵

豉油王炒麵使用從香港進口的乾麵。汆燙後放入鍋裡煸炒之前，先均勻淋上中國醬油備用。

辣椒醬和白芝麻

隨餐提供辣椒醬和芝麻供客人用餐時變換口味。自行添加辣味和甜味。

豉油王炒麵
港式炒麵（醬油口味）

能夠同時享用醬油口味的麵條和清脆爽口蔬菜的港式炒麵。外觀顏色雖然看起來又深又濃，味道卻出乎意料外地爽口。一道令人放不下筷子的美味佳餚。

主軸的麵條是不同於雲吞麵的港式乾麵。豉油王炒麵的特色是在煮過的麵條上澆淋中國醬油，讓麵條本身帶有味道。簡單煸炒一下麵條後取出，接著炒豆芽菜，再將煸炒過的麵條和事前炒好的洋蔥一起放入鍋裡。拌炒均勻後以中國醬油和醬油醬汁調味。這就是『點心廚房』的烹調方式。以大火快速翻炒豆芽菜、韭菜、洋蔥等蔬菜，如此一來就能打造清脆爽口的蔬菜口感。

不同於一般中華料理餐館，『點心廚房』的特色是用油量相對較少，但依舊能夠烹調出道地的「港式炒麵」，而且味道清爽不油膩。端上桌的同時隨附辣椒醬，透過添加辣味與甜味來豐富味道，讓客人從第一口到最後一口都讚不絕口。

豉油王炒麵
港式炒麵（醬油口味）

材料

港式乾麵
洋蔥
韭菜
豆芽菜
中國醬油
醬油醬汁
白絞油 ※
辣椒醬
白芝麻

※ 由黃豆或菜籽提煉製成的一種食用油。
例：大豆沙拉油、菜籽油、葵花油。

作法

1. 汆燙乾麵，瀝乾後均勻澆淋中國醬油備用。

2. 

鍋裡倒入白絞油加熱，放入切薄片的洋蔥爆香後取出。

3. 

煸炒事先淋上中國醬油的麵條。整體撥散開後即可起鍋。

煸炒豆芽菜。倒入2的洋蔥和3的麵條混合炒在一起。

加些水炒鬆麵條，讓整體混合均勻。

倒入醬油醬汁、中國醬油調味。

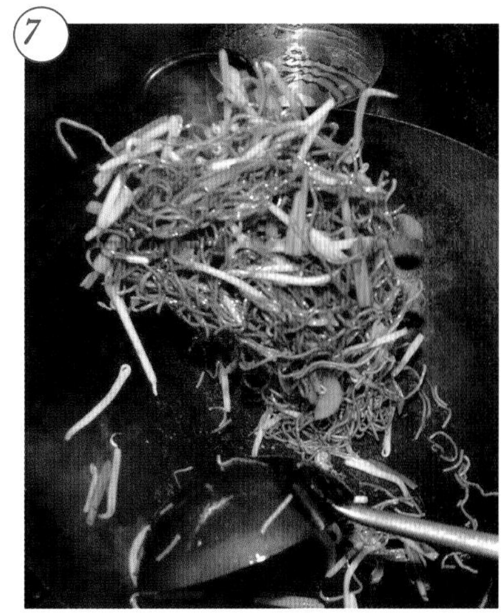

最後放入韭菜拌炒一下即可起鍋。添加白芝麻、辣椒醬增添味道。

東京・銀座

VIETNAM ALICE

ヴェトナム・アリス

マロニエゲート銀座１店

店家介紹詳見 P8

越南河粉

使用向胡志明市指定工廠特別訂製的乾河粉。比起一般河粉，更具嚼勁和 Q 彈口感。

牛骨搭配雞骨架熬湯

使用牛骨和雞骨架熬湯，每天熬煮 5 個小時。添加洋蔥、白蘿蔔、生薑熬製河粉湯頭。河粉是這道麵食料理的主角，為了讓河粉整體味道隨搭配牛肉或魚貝等食材而改變，盡量保持純粹的湯頭味道。

沙嗲醬

以辣椒和大蒜自製的調味醬。讓沙嗲醬溶解在湯頭裡，透過辣椒調整辣味。

味噌醬汁、辣椒醬、越南萬用沾醬、香菜

和牛肩胛肉越南河粉

餐廳裝潢具開放性和時尚感，店內也擺設不少充滿濃厚越南風情的家具與軟裝。餐廳開幕於越南料理在日本尚不普及的時代，是一家評價相當不錯的老字號餐館。餐廳提供多樣化美味的越南菜餚，並且於 2022 年推出最新菜單「和牛肩胛肉越南河粉」。使用和牛種和荷蘭牛種交配的「雜交種」日本產牛，兼具和牛的肉質與荷蘭牛的口感，品質與風味皆屬高檔。每天以牛骨和雞骨熬煮 5 小時的湯頭，搭配適量牛肉油花，而這就是這道料理美味可口的關鍵所在。

這道料理使用的河粉是根據日本人偏好的口感、嚼勁、厚度，經多次嘗試與試驗後開發出來的客製商品，特別向原產地越南的工廠訂製採購。為了避免湯頭味道過於單調，隨餐附上香菜、豆芽菜、檸檬、萵苣、薄荷等配菜，客人能夠依個人喜好自行搭配，有種享用沙拉般的感覺。也可以將這些蔬菜加入河粉裡面，豐富口感的同時也增加飽足感。另一方面，客人可以依照個人喜好添加餐廳自製的沙嗲醬來調整辣度。可直接食用辣椒或搭配調味醬使用。享用春捲時，搭配味噌醬汁或辣椒醬、萬能沾醬等調味料，讓味覺享受更加多彩多姿。平時提供 4 種口味的越南河粉，除了日本和牛肩胛肉河粉、海鮮河粉外，季節性河粉也相當受到客人青睞。

和牛肩胛肉越南河粉

材料

越南河粉
豆芽菜
和牛肩胛肉
牛骨與雞骨架熬煮的湯頭
洋蔥
洋蔥酥
黑胡椒
萵苣
薄荷葉
檸檬
香菜
沙嗲醬
味噌醬汁
辣椒醬
越南萬用沾醬

作法

1

越南河粉浸泡在水中60分鐘泡軟。泡軟後汆燙20秒左右。

2

將河粉盛裝於碗裡，接著放入事先泡水備用的豆芽菜，以及和牛肩胛肉。

將熱騰騰的湯直接淋在牛肉上。

撒些切細碎的青蔥，接著放入洋蔥和洋蔥酥。

撒些黑胡椒。

將碗擺在大盤子上，周圍以萵苣、薄荷葉、檸檬、豆芽菜、香菜等點綴。另外隨餐附上以小碟子盛裝的沙嗲醬、味噌醬汁、辣椒醬、萬能沾醬和香菜。

東京・目黒

泰國料理 みもっと

店家介紹詳見 P8

泰國沙薑

薑科植物。斜切後下鍋煸炒以增添強烈香氣。同時具有消除腥臭味的功用。

芥蘭菜

也稱為羽衣甘藍。葉片略帶苦味，莖部具甜味且柔軟，斜切後和葉片炒在一起。

泰式河粉

烹調泰式辣炒河粉時使用寬版河粉。先將寬版河粉浸泡在水裡 30 分鐘左右，泡軟後再烹煮。

泰式醉鬼炒麵

泰式醉鬼炒麵（Pad Kee Mao），「Pad」是「炒」的意思，「Kee Mao」是使用具「酒醉」意思的香料所烹調的激辣炒麵。在泰國這是一道添加各類魚貝烹調的人氣街頭小店美食，店裡通常提供 4 種不同粗細的麵條供客人選擇，但「MYMOT」餐廳使用的是寬版河粉。這道料理的名稱由來眾說紛紜，像是「炒麵的味道是醉漢的最愛，或是「喝醉酒時做出來的料理」等等。

這次製作調味醬所使用的石臼是泰國家家戶戶不可缺少的烹調器具，可以用來「切開」、「搗碎」和「磨碎」。搗碎食材時若不使用石臼，風味多少會有些變化，而為了呈現泰式料理的原汁原味，石臼是該餐廳不可或缺的重要烹調器具。

餐廳老闆 MYMOT 女士目前除了經營泰式餐館，也成立烹飪教室。對泰式料理產生興趣的契機是跟隨丈夫派駐於泰國曼谷的 2 年，當時曾參加當地文華東方酒店舉辦的烹飪教室和以泰國人為對象的宮廷料理烹飪教室。回到日本後，為了更精進泰式料理的廚藝，還特地前往參加一位住在泰國清邁附近的料理研究師所開設的烹飪教室。甚至也向當地的婆婆媽媽學習鄉土料理，舉凡傳統料理到宮廷美食，共學習了 100 多種料理食譜。冬季提供南部地方料理，初夏提供北方清邁料理，搭配日本四季的食材，提供結合日本與泰式傳統料理的美食。

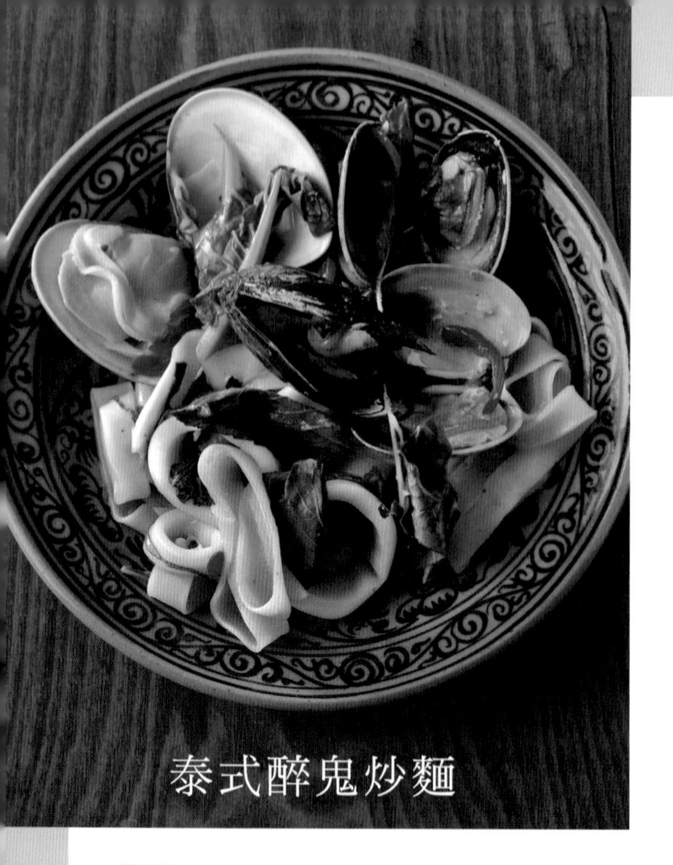

泰式醉鬼炒麵

材料（4 人份）

當季魚貝…200g
（照片為北海道產大花蛤、
千葉產地蛤蜊、日本產淡菜、長槍烏賊）
當季蔬菜…200g
（照片為芥蘭菜、青蔥、四季豆、紅椒）
泰式寬版河粉…100g

調味料 ※
泰式九層塔…1 小撮
新鮮黑胡椒…1/2 小匙
泰國沙薑…2 根
太白胡麻油…2 大匙

調味醬
大蒜（大）…1 瓣
紅辣椒…4 根

※ 調味料

材料

肥兒標生抽 ※(P.31)…2 大匙
蠔油…2 大匙

作法

1 將材料混合在一起

作法

1 泰式寬版河粉浸泡在水裡 30 分鐘左右，泡軟備用。

2 汆燙貝類。汆燙後的水不要倒掉。

3 將烏賊帶皮切成圓圈狀，將烏賊鬚切成容易入口的大小，稍微汆燙一下。

4 斜切青蔥、四季豆、芥蘭菜、紅椒、泰式九層塔、泰國沙薑備用。

5

將帶籽的紅辣椒切細碎，大蒜切片，然後都放入石臼中搗碎。大蒜搗細碎即可。而畢竟是炒麵，建議辣椒不要搗得過細以保留一些口感。

6

鍋裡倒油加熱，煸炒泰國沙薑和3的調味料。

7

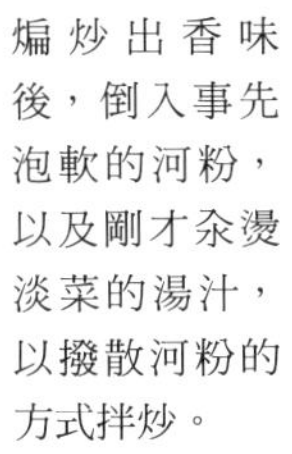

煸炒出香味後，倒入事先泡軟的河粉，以及剛才汆燙淡菜的湯汁，以撥散河粉的方式拌炒。

8

倒入調味料拌炒在一起。

9

放入青蔥、四季豆、芥蘭菜、紅椒，並倒入汆燙淡菜的湯汁炒在一起。

10

放入泰式九層塔、汆燙後的長槍烏賊、淡菜，混拌後撒些搗碎的黑胡椒粒。

東京・新宿

mango tree cafe 新宿

マンゴツリーカフェ

店家介紹詳見 P9

泰式湯河粉

這是泰國街頭小吃店或餐館裡常見的經典湯麵。除了中版河粉，也可以選擇細版河粉或米粉等麵條。除了白肉魚漿丸子，也可以選擇蝦丸或肉丸，根據個人喜好自行組合。除此之外，餐館桌上多半會擺放「泰式調味料組」，包含辣椒粉、細砂糖、醋和魚露，客人任意使用，自行調製自己最喜歡的調味醬味道，可說是一道最強的客製化湯麵。

「mango tree cafe」餐廳還提供單點品項。在雞骨熬煮的高湯中添加泰式醬油肥兒標生抽，調製口味清爽的湯頭，接著放入魚漿丸子、肉丸、豆芽菜等多種配料。加入些許魚露增添鮮味，更顯湯頭的鮮甜美味。河粉柔軟滑順，帶湯後更容易吞嚥。部分加盟餐廳將這道料理納入早餐菜單中，吸引不少上班族在出勤之前會先來上一碗。泰式湯河粉是該餐廳主廚的原創設計餐點。

原創生河粉

全店使用以高直鏈澱粉的晚熟品種「亜細亜のかおり」（長粒種）為原料製作的河粉。可用於烹煮湯麵或炒麵，一款萬用麵條。自 2015 年起於新潟・上越市開始生產使用新潟產粳米，並且以泰式工法製作的自家河粉。從碾磨製粉到包裝全在工廠裡完成。

肥兒標生抽

使用精選大豆製作而成的泰國醬油。呈滑溜液體狀，類似顏色清淡的「白醬油」。可以使用日本的淡味醬油取代。

泰式湯河粉

材料 （2 人份）

河粉（中條）…150g
青蔥（根部）…1/3 根
香菜…適量
香菜根部…2 株
大蒜…3 片
沙拉油…1 大匙
雞骨湯…800ml
精白砂糖…1 大匙
肥兒標生抽…2 大匙
泰式調味油…1 大匙
泰式魚露…1 又 1/2 大匙
豬絞肉…80g
魚漿丸子…小 4 個
豆芽菜…120g
蒜頭酥…1 小匙
白胡椒…適量

作法

1. 河粉浸泡在 60℃的水（分量外）裡 1 小時，泡軟後置於過濾篩網上瀝乾。

2. 

將青蔥切成 1.5cm 大小，香菜切大塊。以刀面壓碎香菜根部和大蒜。平底鍋內倒入沙拉油加熱，放入香菜和大蒜，以小火煸炒出香味。

3. 

加熱鍋內的雞骨湯，然後將②倒入鍋裡。

倒入精白砂糖、肥兒標生抽、泰式調味油、泰式魚露。用手掌將豬絞肉揉成小丸子狀並放入鍋裡。撈除熬煮過程中產生的浮渣。接著放入魚漿丸子並加熱至丸子浮上水面。

以滾水（分量外）汆燙豆芽菜，用過濾篩網瀝乾。接著再以滾水（分量外）汆燙河粉 1 分鐘左右。瀝乾水氣後盛裝至碗裡，並且將剛才汆燙好的豆芽菜擺在河粉上。

注入④的湯並將豬肉丸子、魚漿丸子舀入碗中。擺放香菜、青蔥和大蒜酥，然後撒一些白胡椒。

泰國青檸葉

泰國青檸葉又稱為馬蜂橙葉。葉片充滿柑橘類的清爽香氣，切碎使用可以增添湯頭香味。先除去中間葉脈，搓揉一下再使用，香氣更加明顯。

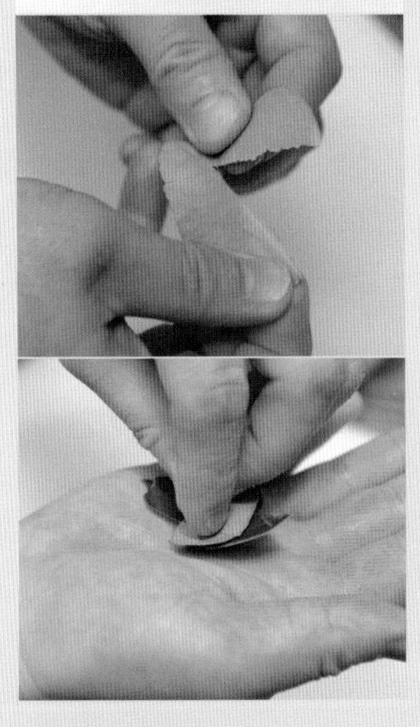

泰國南薑

薑科植物。比一般的薑稍微硬一些，香氣和辣味也較為強烈。常用於增添湯頭的香氣。

東京・新宿

mango tree cafe 新宿

マンゴツリーカフェ

店家介紹詳見 P9

泰式青檸酸辣河粉

這是一道以號稱世界三大湯頭之一的「冬陰湯」為基底所烹調的湯麵料理。日本餐館的泰式青檸酸辣河粉通常會另外添加椰奶，但其實泰國當地並不添加椰奶，因此湯頭相對清澈。使用檸檬草和泰國青檬等泰國香草植物增加香氣，除了蝦頭外，也添加各類食材。泰國料理的最大特色是甜味、酸味、辣味齊聚一堂，而冬陰湯正是一道能夠同時享受這三種味道的最佳菜餚。

該餐廳的「泰式青檸酸辣河粉」湯頭，除了以雞骨架熬煮外，還添加牛奶打造圓潤絲滑口感。泰國當地的原始配方僅使用雞骨架熬煮湯頭，味道較為清爽。另外，香菜根是泰菜的重要香氣來源，熬煮湯頭時絕對不能少。為了保留蝦的口感、香氣和風味，烹煮時不開大火，盡量將火候控制在中小火。

最後淋上以辣椒為基底的辣椒醬、沙拉油裡面添加辣椒和蝦等食材所調製的泰式辣油（seasoning oil），進一步突顯刺激的辛辣味。泰式青檸酸辣河粉是該餐廳主廚的原創設計餐點。

泰式青檸酸辣河粉

材料 （2 人份）

河粉（中條）…150g
香菜…適量
檸檬草…10g
泰國南薑…15g
泰國青檸葉…3 片
香菜根部…2 束
雞骨湯…800ml
鳥眼辣椒…2 根
鮮蝦…4 尾（帶殼）
鴻喜菇…30g
魚漿丸子…4 個
精白砂糖…4 大匙
泰式魚露…8 大匙
泰式辣椒醬…4 大匙
墨西哥萊姆汁…3 大匙
泰式調味油…3 大匙
豆芽菜…120g

作法

1. 將河粉浸泡在 60℃的水（分量外）裡 1 小時，泡軟後置於過濾篩網上瀝乾。

2.

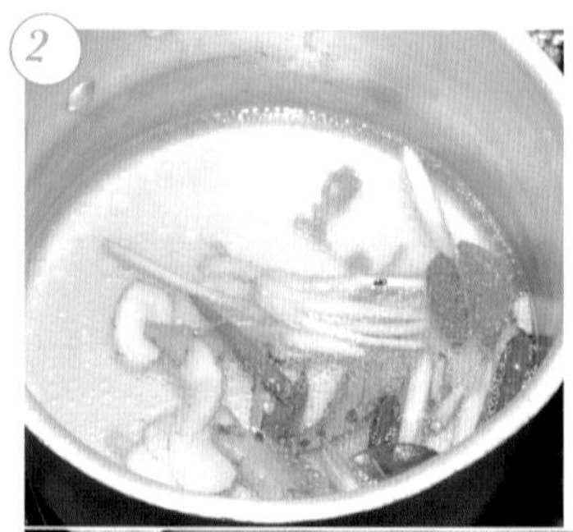

香菜切大塊，以刀面壓碎香菜根部。斜切檸檬草和泰國南薑。去掉泰國青檸葉的葉脈後撕成 4 等分，用手指輕輕搓揉。將雞骨湯倒入鍋裡，以大火加熱，放入切好的蔬菜和鳥眼辣椒。雞骨湯沸騰後，放入鮮蝦、魚漿丸子、鴻喜菇，以中火加熱煮熟。

出現浮渣後立即撈除，加入精白砂糖、泰式魚露和事先溶解的泰式辣椒醬。

倒入墨西哥萊姆汁和泰式調味油後關火。

煮沸熱水（分量外），放入河粉汆燙1分鐘左右。瀝乾水氣後盛裝至碗裡。河粉上擺放汆燙好的豆芽菜，接著注入湯頭、配料和香菜。

東京・新宿

mango tree cafe 新宿

マンゴツリーカフェ

店家介紹詳見 P9

泰國甜羅勒

英文名稱為「sweet basil」。清爽香氣中略帶苦味，幫助突顯料理特色。

鳥眼辣椒

辣椒的一種，泰式料理的辛辣味全取決於這款辣椒。小型鳥眼辣椒的辣度比較強烈，隨著成熟會由綠轉紅。

泰式辣炒河粉

將泰語的「phat khi mao」直譯成中文，就是「醉炒」。這道料理的名稱由來眾說紛紜，像是「辣到連酒醉的人吃了也會完全清醒」或是「喝醉酒的人所烹煮的超辣炒麵」。最大特色除了具十足辣味的辣椒，另外也添加泰式料理中經常使用的生胡椒粒，新鮮的生胡椒粒更具刺激性。搭配的麵條是寬度與棊子麵差不多的河粉。

「泰式辣炒河粉」這道餐點並非每間加盟店都有提供，只有在「mango 東京」才吃得到。泰國原始食譜中添加的是豬肉，但該餐廳使用的是鮮蝦。麵條則使用公司自製的「河粉」，寬度約 2 ～ 5mm，從餐點名稱也可以得知餐廳所使用的麵條種類。以小火爆香鳥眼辣椒和大蒜，然後放入泰國青檸葉和泰國甜羅勒等泰國香草植物，刺激的辛辣味加上清爽香氣的香草植物，真的讓人一吃就上癮。炒河粉時添加些許雞骨湯，形成類似蒸烤狀態，有助於打造出更接近當地的 Q 彈口感。泰式辣炒河粉是該餐廳主廚的原創設計餐點。

泰式辣炒河粉

材料（2 人份）

河粉（中條）…150g
豬肉薄片…140g
四季豆…6 根
鴻喜菇…60g
鳥眼辣椒…8 根
大蒜…4 片
沙拉油…適量
泰國青檸葉…6 片
雞骨湯…4 大匙
蠔油…2 大匙
泰式魚露…1 大匙
精白砂糖…1 小匙
泰國甜羅勒葉…20 片
白胡椒…適量

作法

1. 將河粉浸泡在 60℃的水（分量外）裡 1 小時，泡軟後置於過濾篩網上瀝乾。

2. 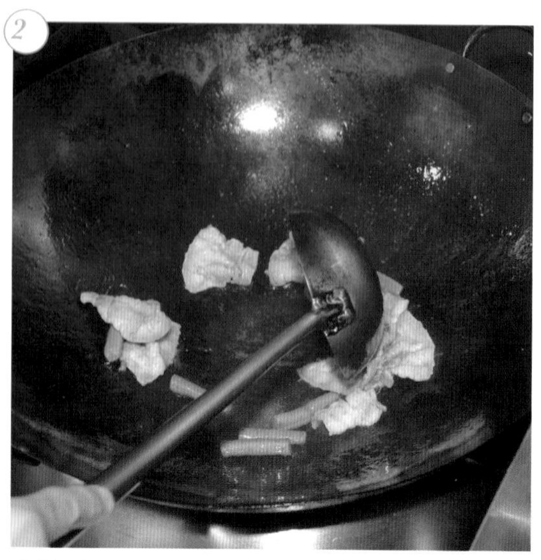

豬肉切成一口大小。將四季豆長邊切成 3 等分。將鴻喜菇從根部撥開。斜切鳥眼辣椒和大蒜。沙拉油倒入平底鍋裡加熱，接著放入豬肉和四季豆煸炒。完成後先暫時取出。

3. 

再次倒入沙拉油加熱，爆香鳥眼辣椒和大蒜。將②倒回平底鍋裡，接著放入鴻喜菇一起炒。

4

將泰國青檸葉切成 6 等分後放入鍋裡。
倒入河粉充分拌炒在一起。

5

注入雞骨湯，炒至燜燒狀態。

6

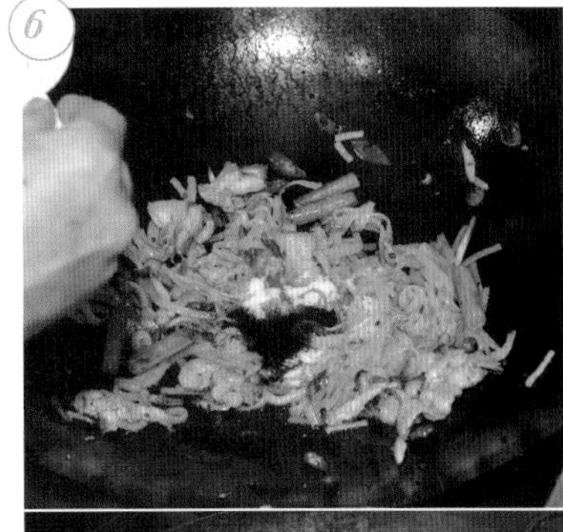

加入蠔油、泰式魚露、精白砂糖，繼續充分拌炒。

7

手撕泰國甜羅勒至鍋裡就完成了。盛裝至碗裡後撒些白胡椒。

東京·新宿

mango tree cafe 新宿

マンゴツリーカフェ

店家介紹詳見 P9

羅望子

豆科植物，豆莢裡的果實是硬的。用熱水搓揉以萃取汁液使用，用於突顯酸味的調味。

泰式河粉炒醬

炒醬的味道帶酸也帶甜，經加熱後變得略為黏稠，但口感依舊清爽。味道容易被麵條吸收。

泰式調味料組合（桌上調味料）

從右上方開始，順時針方向依序為精白砂糖、辣椒、魚露、醋。魚露為泰式魚露，從鹽漬鯷魚中萃取精華，香味格外獨特，是泰式料理不可欠缺的調味料之一。泰式料理的辣度取決於辣椒，有時醋和魚露裡也會添加乾辣椒、鳥眼辣椒。這些調味料通常都擺放於桌上，供客人依個人喜好自行添加並調味。

泰國炒河粉

這是一道街頭小吃的招牌餐點，使用粿條製作的泰式炒麵。料理名稱中冠上國家名，一道能代表泰國的獨一無二美食。一般餐廳也提供這道餐點，但部分店家會刻意在麵條上鋪一層薄薄的蛋皮或網狀煎蛋，打造不同於其他店家的獨創風格。

「mango tree cafe 新宿」餐廳裡，泰國炒河粉是單點品項。同系列的泰國炒河粉專賣店則提供使用不同食材的多樣化炒河粉餐點。自 2015 年開始著手自製國產生河粉，並從 2017 年起全面引進至『mangotree』各家分店。使用黏度小、長粒米品種的「亜細亜のかおり」製作成麵粉，然後再進一步製作成河粉。充滿 Q 彈口感與濃郁香氣，而泰國炒河粉通常使用中粗版的河粉。這道餐點的關鍵味道來自於各式各樣的招牌泰式調味料。羅望子的酸味、魚露的發酵魚鮮味、椰糖的甜味，多層次且濃郁的味道均衡地交織在一起。調製這道料理的關鍵味道，亦即泰國炒河粉特製炒醬時，必須留意烹煮過程中不要讓椰糖燒焦。另外，泰國當地的泰國炒河粉通常會添加醃漬蘿蔔「泰國菜脯」，在日本則改用味道和口感類似的醃漬蘿蔔取代。這道料理本身不具辣味，享用時可依個人喜好自行添加辣椒粉。泰國炒河粉是該餐廳主廚的原創設計餐點。

泰國炒河粉

材料（2 人份）

河粉（中條）…150g
日本油豆腐…20g
黃色醃蘿蔔…20g
韭菜…10g
紅蔥頭…30g
豆芽菜…120g
蝦乾…10g
蝦子…4 尾
沙拉油…2 大匙
雞蛋…2 個
泰式炒河粉炒醬 ※（P47）…2 大匙
雞骨湯…1 大匙左右
花生（切細碎）…20g
墨西哥萊姆…1 顆

作法

1. 將河粉浸泡在 60℃的水（分量外）中 1 小時，撈起來置於篩網上瀝乾。
2. 將日本油豆腐和黃色蘿蔔乾切成小方塊，先以沙拉油（分量外）稍微油炸一下油豆腐備用。韭菜切成 5cm 長，紅蔥頭切成薄片，豆芽菜去根鬚備用。以少量熱水將蝦乾泡軟。鮮蝦部分則剝殼備用。

3

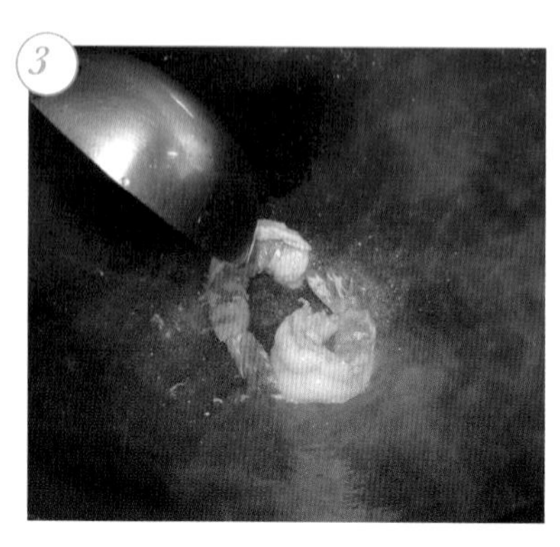

中華鍋裡倒入沙拉油加熱，將鮮蝦炒熟後先暫時取出。

4

中華鍋裡倒入沙拉油加熱，倒入打散的蛋液，同樣炒熟好先暫時取出。

5

放入紅蔥頭和蝦乾，以中火爆香。

將浸泡備用的河粉倒入鍋裡，以大火煸炒，過程中注入雞骨湯。

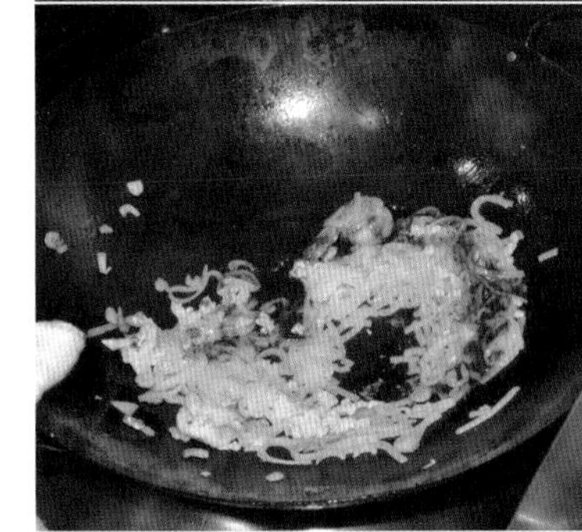

放入③和④，輕輕拌炒後倒入泰式炒河粉炒醬，讓炒醬和河粉充分沾裹在一起。

放入韭菜、豆芽菜、黃色醃蘿蔔、日本油豆腐拌炒在一起。

留下些許花生碎粒備用，其餘倒入鍋裡炒一下。

盛裝於容器中，撒上剩餘的花生碎粒和墨西哥萊姆就完成了。

※ 泰式炒河粉炒醬

材料（容易製作的分量）

羅望子果實…70g
泰式魚露…60g
椰糖…80g

作法

1 將羅望子果實倒入攪拌盆中，注入加倍的熱水（分量外）泡軟。水涼了之後，用雙手將果肉和種籽分開。

2 使用篩網過濾（重覆數次）。

3 鍋裡倒入泰式魚露和椰糖，以小火加熱。

4 砂糖確實溶解後，將②也倒入鍋裡。

5 同樣以小火熬煮，充分混拌均勻後就完成了。

東京・渋谷

CHOMPOO

チョンプー

店家介紹詳見 P9

泰北金麵

泰北金麵是清邁等泰國北部的著名麵食料理。一般來說，經典的泰北金麵會注入大量咖哩湯，但『CHOMPOO』餐廳重視飲食樂趣，刻意只注入少量咖哩湯，打造拌麵風的無湯泰北金麵。

味道基底為泰北金麵調味醬，先將泰國乾燥紅辣椒、大蒜、紅洋蔥、泰國沙薑、檸檬草、薑黃、黃荳蔻等以攪拌機混合均勻，接著添加雞湯、肥兒標生抽和椰奶製作成調味醬。調味醬帶十足辣味且充滿多層次的濃郁風味。

配料包含雞胸肉、芥菜和各種蔬菜，並以大蒜、泰國南薑、檸檬草、乾燥紅辣椒、泰國青檸葉、乾蝦、清邁綜合辛香料等材料煸炒，最後再以辣油調味。鋪於麵條上的炸麵配料，刻意使用寬版「一反麵（いったん麵）」以增添用餐時的趣味性。

泰北金麵調味醬

使用辣椒、調味蔬菜、香草植物、辛香料、咖哩醬混合在一起調製而成。考慮成本和時間，咖哩醬的部分直接使用 NITTAYA 黃咖哩醬。

辣油

調味食材的辣油。使用調味蔬菜、香草植物、乾蝦、綜合辛香料製作而成。

麵條

烹煮泰北金麵時，使用新宿達摩製麵的麵條（右）。其他餐廳的炸麵餐點所使用的麵條多為汆燙過的麵條，但該餐廳為了增添視覺趣味而改用寬版的「一反麵」。以 180℃的熱油炸至金黃色後作為配料。

泰北金麵

材料（1人份）

粗麵…130g
一反麵…2片
泰國金麵調味醬 ※
辣油 ※
雞胸肉
芥菜
芹菜
小黃瓜
雞高湯
鹽
砂糖
肥兒標生抽
椰奶
水煮蛋…1顆
香菜
墨西哥萊姆

作法

1 汆燙麵條3分鐘左右。麵條煮熟後沖冷水，去除麵條表面的黏液，接著再放入熱水中加熱一下。如果使用泰北金麵，建議煮熟後務必去除黏液，麵條和醬料的融合性會更好。

2 將麵條盛裝在事前溫熱過的器皿中，淋上溫熱醬汁。以115g雞湯、60g泰國金麵調味醬、鹽、砂糖、7g肥兒標生抽和400g椰奶的比例拌炒製作成醬汁。訣竅在於拌炒時充分將泰國金麵調味醬攪拌均勻。1人份的醬汁為200g。剩餘的醬汁若要暫時保存，先以大火煮沸並於置涼後保存。

3 雞胸肉汆燙後，撕去雞皮並沿著纖維走向撕開雞胸肉。接著將處理好的雞胸肉、芥菜、切碎的芹菜、紅洋蔥、小黃瓜等配料放入攪拌盆中，澆淋30g辣油，充分混拌均勻。最後將配料盛裝至麵條上，擺放2片一反麵、水煮蛋、香菜、墨西哥萊姆就完成了。

※ 泰國金麵調味醬

材料（容易製作的分量）

泰國乾燥紅辣椒…7g
大蒜…250g
紅洋蔥…500g
泰國青檸葉…5g
薑黃…25g
泰國沙薑…150g
黃荳蔻…10g
檸檬草…150g
咖哩醬（NITTAYA 黃咖哩醬）…1000g
咖哩粉…50g

作法

1

將泰國乾燥紅辣椒浸泡在水裡 1 晚。除去檸檬草堅硬部位後搗碎纖維並切細碎。同樣將薑黃切細碎。泰國青檸葉去葉柄後切細碎。紅洋蔥切塊，泰國沙薑切碎。新鮮泰國沙薑的香味很強烈，但成本高且可能因為非當季而買不到，因此有時候會使用冷凍泰國沙薑。

2

將紅洋蔥、大蒜、搗碎纖維的檸檬草等水分含量高的配料放入調理機中攪拌。浸泡泰國乾燥紅辣椒的水不要丟棄，留下來之後再利用。使用 Vitamix 品牌的調理機。

3

將攪拌成泥狀的食材移至攪拌盆中，倒入咖哩醬和粉類後，再以打蛋器混合攪拌均勻。

4

充分混拌均勻就完成了。也可以將食材放入石臼中搗碎，由於難以均勻搗碎，吃的時候口中反而有種多層次的風味。採用哪種方式取決於各餐廳的情況和主廚作法。

※ 辣油

材料（容易製作的分量）

大蒜…30g
泰國南薑…20g
檸檬草…30g
泰國乾燥紅辣椒…20g
泰國青檸葉…3g
蝦乾…20g
清邁綜合香料
（可用辣椒粉和花椒取代）…10g
沙拉油…500g

作法

1

將敲碎的檸檬草、帶皮切片的泰國南薑、泰國青檸葉放入鍋裡熬煮。先以小火加熱，視情況調整火候，讓鍋裡的水保持沸騰狀態。

2

持續以小火熬煮 1 小時左右，直到水分收乾且辣椒變黑、大蒜變成金黃色後關火，接著添加清邁綜合香料。

3

混合均勻，稍微放涼後就完成了。

東京•渋谷

CHOMPOO

チョンプー

店家介紹詳見 P9

羅望子水

決定泰國金麵味道的調味醬汁主軸－羅望子水。

調味醬汁

在羅望子水中加入椰糖、番茄醬、鹽等製作成調味醬汁。於炒麵時使用。

泰國炒河粉

（午餐時段）

泰國金麵是泰式料理中聞名遐邇的炒麵之一。『CHOMPOO』餐廳為了讓客人享用麵條的Q彈口感，特別採用炒飯的概念，先將蛋液倒入熱油中，利用蛋液吸附的油包覆於麵條上。吸水還原的麵條放入熱水中會失去彈性，透過以油包覆麵條的方式有助於保留河粉原有的Q彈口感。

使用羅望子水作為調味醬汁的基底，將帶籽的羅望子放入水中搓揉，並於去掉果肉後使用。在羅望子水中加入椰糖、鹽、番茄醬和水，煮沸後製作成調味醬汁。客人點餐後才將調味醬汁、中國壺底醬油、精白砂糖放入炒麵和配料中。翻炒時將油均勻淋在熱鍋上，利用高溫快速煸炒，完成清脆蔬菜搭配Q彈麵條的完美口感。最後以油炸過且色彩鮮豔的櫻花蝦、香菜、豆芽菜和韭菜裝飾，一盤色彩繽紛且充滿視覺饗宴的泰國金麵就可以上桌了。

泰國炒河粉

材料

泡水後的河粉（中條）…130g
雞蛋…1顆
黃色醃蘿蔔…10g
日本油豆腐…10g
紅、黃椒…各10g
豆芽菜…煸炒用80g，盛盤用40g
韭菜…30g（頭部的花苔留下來作裝飾）
蝦子…2尾（從蝦背劃刀取出蝦腸）
酥炸櫻花蝦…15g
烘焙花生…10g
萊姆…1瓣
精白砂糖
中國壺底醬油（老抽王）…1g左右（可使用黑醬油取代）
醬汁 ※
沙拉油

作法

1

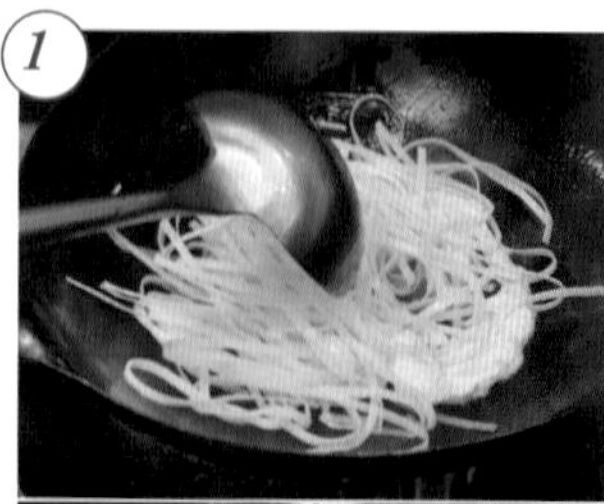

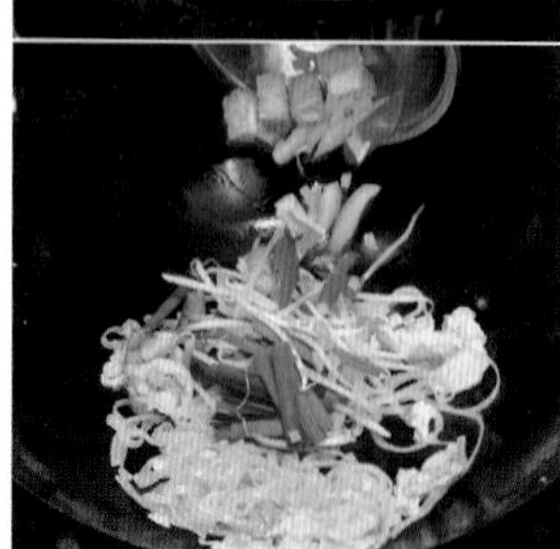

蝦子稍微汆燙一下，雞蛋打散成蛋液備用。確實熱鍋後倒入沙拉油，分量略多一些。輕輕搖晃鍋身讓油均勻沾附於鍋內後，再倒出多餘的油。微微冒煙後倒入蛋液翻炒。為了讓顧客品嚐有嚼勁的口感，以炒飯的概念，先熱油後再炒蛋，然後迅速倒入事前浸泡1小時的河粉。有種以油脂包覆河粉的感覺。

2

放入黃色醃蘿蔔、日本油豆腐、韭菜、豆芽菜和蝦子，煸炒數次後倒入50～60g的醬汁。只用蔬菜和醬汁的水分高溫煸炒。關火後倒入少量中國壺底醬油和1撮精白砂糖。

3

再次開火，翻炒數次後盛裝至器皿中。以生豆芽菜、韭菜裝飾，接著放入以太白粉酥炸的櫻花蝦、碎花生、萊姆和香菜就大功告成了。

※醬汁

材料（容易製作的分量）

羅望子果實…450g
溫水…2000g
椰糖…1000g
鹽…100g
番茄醬…500g

作法

1

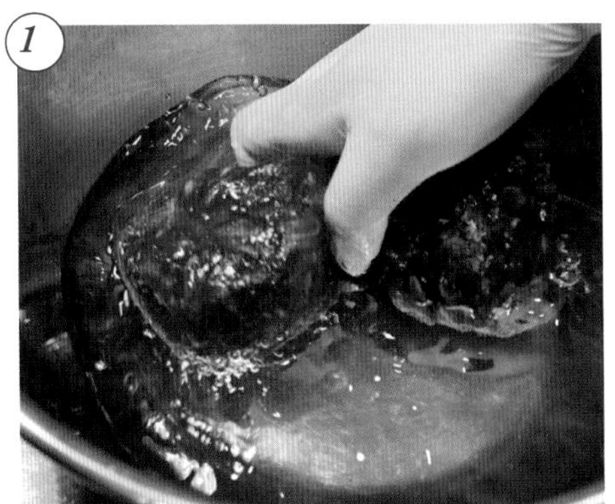

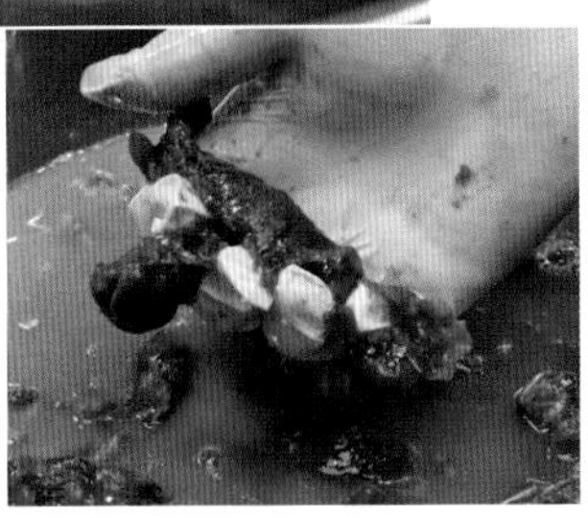

將結合成磚塊狀的羅望子果實和一半分量的溫水倒入攪拌盆中，用手揉捏擠壓果肉。

2

取下一定程度的果肉後，倒入過濾篩網中，繼續揉捏果肉，接著倒入剩餘的溫水，萃取羅望子水。

3

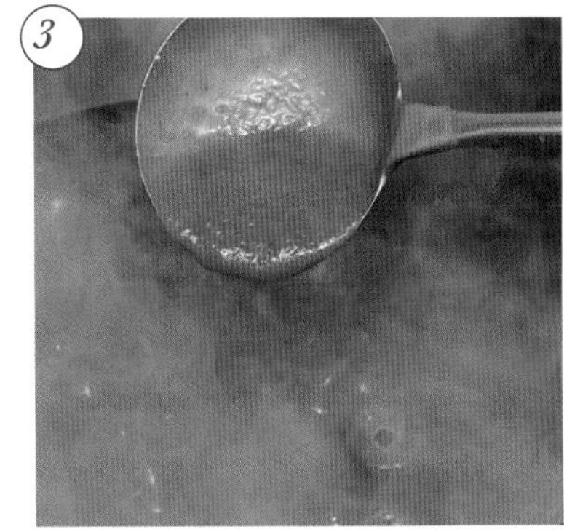

加熱羅望子水，沸騰後繼續熬煮讓整體充分均勻受熱。加熱是為了避免羅望子水變質。稍微置涼後倒入瓶中並冷凍保存。

4

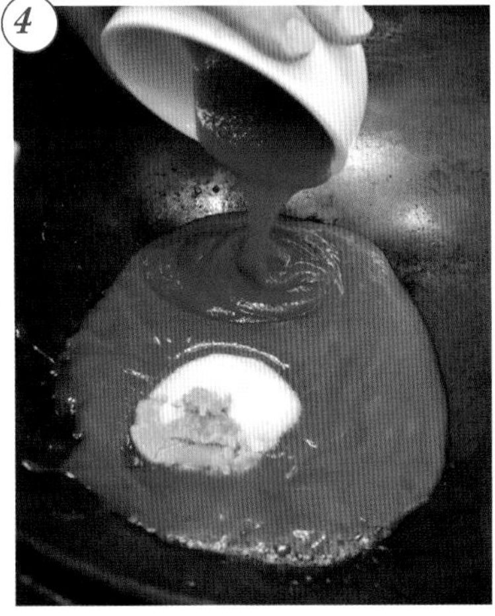

將②製作的羅望子水、椰糖、鹽、番茄醬、水依序倒入鍋裡加熱。

5

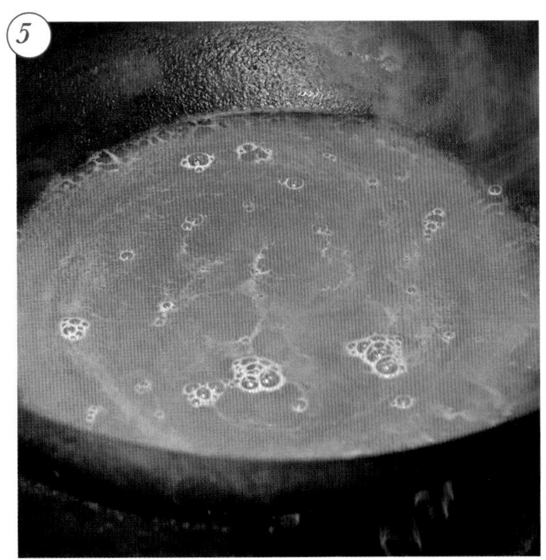

椰糖溶解且整體沸騰後就完成了。

東京・高田馬場

SWE MYANMAR

スィウ緬甸

店家介紹詳見 P9

烏龍麵

使用和緬甸烏龍麵同樣柔軟口感的日本在地生烏龍麵。

燉雞腿肉

以大蒜、生薑和洋蔥煸炒雞腿肉，再以紅甜椒粉增色並燉煮。燉雞腿肉也可用於其他餐點。

緬甸涼拌烏龍麵（Nan gyi thoke）

「Nan gyi」是烏龍麵，「thoke」是涼拌的意思。餐廳老闆 TAN・SUWIU 表示「緬甸人經常吃涼拌料理，早上吃麵包、魚麵湯或炒飯，若時間不夠充裕，則會吃些簡單的涼拌烏龍或涼拌麵。」緬甸涼拌烏龍也有點像是下午茶的點心，一整年都深受客人喜愛。

『SWE MYANMAR』餐廳的涼拌烏龍麵餐點，是將烏龍麵和黃豆粉、辣椒，以及以大蒜、生薑一起燉煮的雞腿肉混拌在一起，最後再以魚露和檸檬調味。由於日本當地不容易取得緬甸烏龍麵，所以使用具相同柔軟口感的日本生烏龍麵取代。配料包含半顆水煮蛋、洋蔥酥、切細碎的香菜、炸鷹嘴豆，另外還會附上一碗雞蛋蔬菜湯，這也是這道餐點的特色之一。

該餐廳的緬甸涼拌烏龍麵通常會添加洋蔥酥和炸鷹嘴豆以增加濃郁感。雖然辣椒使整體帶刺激的辛辣味，但吃起來非常順口，極具涼拌料理特有的餘味無窮。

緬甸涼拌烏龍
（Nan gyi thoke）

材料

洋蔥（切絲並泡水備用）
烏龍麵（粗麵）
黃豆粉
辣椒粉（清邁產烤過的辣椒粉）
燉雞腿肉 ※（P65）
檸檬汁
泰式魚露
沙拉油
水煮蛋…半顆
洋蔥酥
香菜（切細碎）
油炸鷹嘴豆

作法

1

將煮熟的烏龍麵、泡水洋蔥、黃豆粉、清邁產的烤辣椒粉放入攪拌盆中混拌均勻，接著放入燉雞腿肉。

淋一圈檸檬汁，淋兩圈泰式魚露，接著倒入沙拉油，用手仔細攪拌均勻。

盛裝至器皿中，擺放半顆水煮蛋、洋蔥酥、切細碎的香菜、油炸鷹嘴豆就完成了。

東京·高田馬場

SWE MYANMAR

スィウ緬甸

店家介紹詳見 P9

洋蔥

餐點特色之一是使用大量洋蔥。放入鷹嘴豆和椰子煲成的湯裡，另外也用於以湯頭熬煮的燉雞腿肉裡。

燉雞腿肉

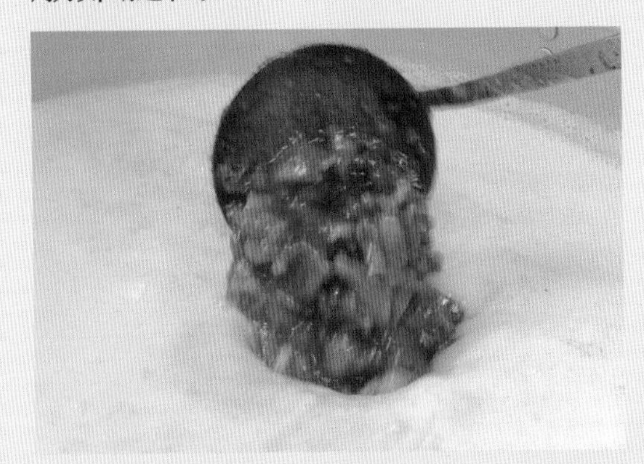

構成餐點味道要素之一的是以鷹嘴豆湯熬煮的燉雞腿肉。以鹽、薑黃和味精等調味。

緬甸椰漿雞湯麵（Ohn-no Khau Swe）

『SWE MYANMAR』餐廳引以為傲的90幾道餐點中，最受歡迎的餐點之一就是緬甸椰漿雞湯麵，「Ohn-no」是椰漿，「Khau Swe」是麵食料理的意思。

『SWE MYANMAR』餐廳的緬甸椰漿雞湯麵是在添加椰漿熬煮的鷹嘴豆湯裡放入燉雞腿肉烹調而成，其中燉雞腿肉是以大蒜、生薑和洋蔥等食材煸炒雞腿肉，然後再以紅甜椒粉增色，最後以適量魚露調味（過量容易有腥味）。麵條部分使用日本的日式炒麵麵條，於加熱後使用。添加大量洋蔥是這道餐點的特色之一，除了燉煮雞腿肉時添加大量切塊洋蔥，熬煮鷹嘴豆和椰漿湯頭時也會放入許多生洋蔥，最後再以洋蔥作為配料。

稍微黏稠的湯頭雖然看似澎湃濃厚，但喝起來其實極為溫和順口。配料中的炸鷹嘴豆更添有趣的酥脆口感。餐桌上備有辣椒、檸檬、魚露等調味料，供客人依個人喜好自行添加調整。

緬甸椰漿雞湯麵
（Ohn-no Khau Swe）

材料

燉雞腿肉 ※（P65）
鷹嘴豆湯 ※
泰式魚露
洋蔥
砂糖
鹽
炒麵麵條
水煮蛋…半顆
油炸鷹嘴豆

※ 鷹嘴豆湯

材料

鷹嘴豆（粉）
水
椰奶

作法

1

2

將粉末狀鷹嘴豆倒入攪拌盆中，加水溶解後過濾至鍋中。

3

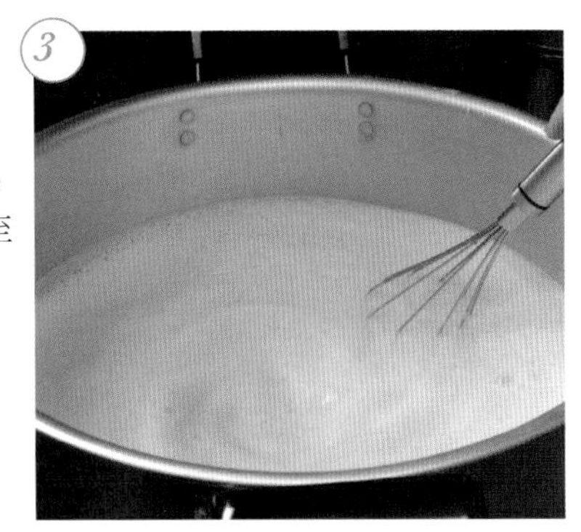

攪拌至泥狀，再加水攪拌至液體狀。

4

務必熬煮至沸騰，這樣才能完全去除鷹嘴豆的臭腥味。熬煮過程中隨時確認還有沒有臭腥味。

5

持續加熱並倒入椰奶。

6

再次沸騰後放入燉雞腿肉。部分雞腿肉留下來作為涼拌用。

7

往鍋中放入泰式魚露、切塊生洋蔥、砂糖、鹽，熬煮至洋蔥變軟就完成了。

將微波加熱的炒麵麵條盛裝至碗裡，淋上剛才完成的湯。

擺放半顆水煮蛋、切絲洋蔥和油炸鷹嘴豆就大功告成了。

※ 燉雞腿肉

材料

雞腿肉
雞腿肉調味…鹽、薑黃粉、鮮味粉、
砂糖
沙拉油
薑黃粉
大蒜（切末）
生薑（切末）
洋蔥（切末）
水

作法

以沙拉油爆香薑黃粉、蒜末、生薑末。

加入切末的洋蔥，炒至金黃色。以大火持續煸炒，但小心不要燒焦。

添加彩椒粉一起炒，主要用於調色。

再放入切成小塊且以薑黃粉、鮮味粉調味的雞腿肉一起炒。

5

倒入幾乎淹蓋食材的水量燉煮。

6

試吃味道，必要時添加適量的鹽調味。完成。

港式生麵

對麵團施加壓力讓口感更紮實，港式生麵的特色就是具有嚼勁。煮麵時間短，大約 30 秒即可。

白胡椒

白胡椒是關鍵食材。白胡椒具有消除臭味的功用，細研磨用於煮湯，粗研磨用於最後盛碗後的調味。

東京・渋谷

獅天鶏飯

シテンケイハン

店家介紹詳見 P9

肉骨茶拉麵

這是新加坡著名美食「肉骨茶」的變化版餐點。肉骨茶是源自中國潮州的新加坡料理，以辛香料搭配中藥熬煮帶骨豬五花肉的湯品，新加坡有不少肉骨茶專賣店。過去從中國移居新加坡的潮州勞工為了增強體力，早餐都會來一碗肉骨茶，以此為契機逐漸普及化，成為新加坡當地無人不曉的聞名美食。該餐廳提供的餐點肯定少不了「肉骨茶」品項（P68），另外還提供變化版的無配料拉麵「肉骨茶拉麵」，單純使用肉骨茶湯頭搭配港式生麵。餐廳原址在新橋，搬遷至澀谷之前，這份餐點僅於酒吧時段的最後才提供，好比象徵結束的一道收尾餐點。這道餐點是餐廳老闆佐藤一聖先生的原創，靈感來自於香港的雲吞麵。使用豬肋排、白胡椒、鹽、大蒜、八角熬煮清爽湯頭。在新加坡當地，湯裡撒白胡椒原本是為了去除豬肉的腥味，但現在也成了這道餐點的特色之一。製作港式生麵時，在小麥麵粉和蛋液裡添加鹼水，口感帶硬且 Q 彈有嚼勁，餐廳使用的是超細麵條。麵條帶著充滿白胡椒香氣的湯頭，一起滑順地溜過喉嚨。

肉骨茶拉麵

材料（1人份）

港式生麵…60g
肉骨茶專用湯頭※（P71）…250ml
白胡椒（粗研磨）…適量

作法

1 鍋子中裝水煮沸，放入麵條煮30秒左右。

2 麵條瀝乾後整齊擺入碗裡，接著注入肉骨茶湯，最後撒上粗研磨白胡椒就大功告成。（營業時段將肉骨茶湯過濾後倒入保溫瓶中保溫，於客人點餐後再注入碗裡）

※ 肉骨茶湯頭

材料

豬肋排…10kg
水…10L
白胡椒（顆粒）…50g（使用前細研磨）
八角…40g
大蒜…100g
鹽…40g

作法

1 將製作肉骨茶湯的材料全部放入大鍋裡加熱。

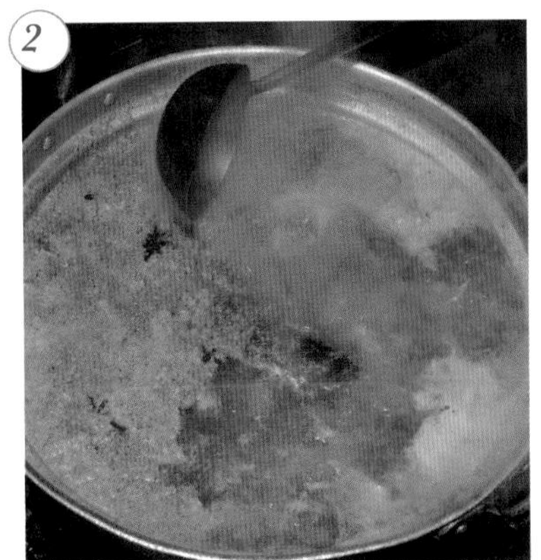

2 以中華爐灶的大火加熱 40 分鐘左右。撈出熬煮過程中產生的浮渣，但切記勿過度撈除，這樣才能夠保留道地美味。

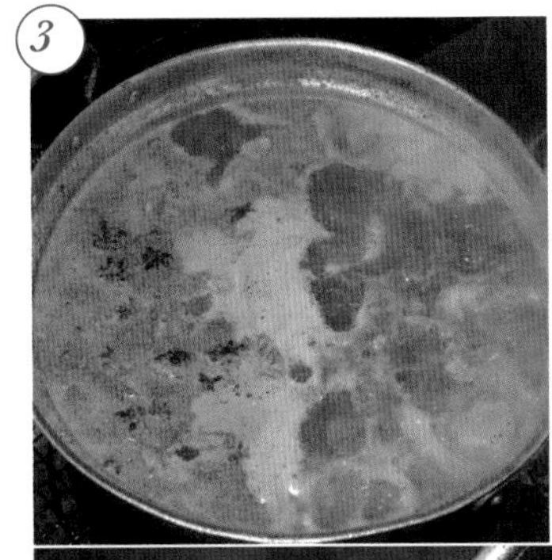

3 確認豬肉是否已變軟，肉質變軟後即可關火。

東京・渋谷

獅天鶏飯

シテンケイハン

店家介紹詳見 P9

福建麵

海鮮湯汁炒麵。在新加坡以外的馬來半島上能夠享用不同調味方式的福建麵。主要特色是使用大量湯頭拌炒，分為拌炒至沒有湯汁的「乾福建麵」，以及留有些許湯汁的「湯福建麵」。使用粗條雞蛋麵的「福建麵」因麵體本身呈黃色，所以在新加坡也以「黃麵」稱這道料理。

將蝦頭部位敲碎煸炒，蝦的鮮味與香氣瞬間瀰漫整個空間，再加上剝殼蝦、烏賊腳一起炒，海鮮的鮮味更加濃縮且醇郁。該餐廳也和當地店家一樣，使用粗條雞蛋麵和細條米粉 2 種麵條。餐廳老闆嘗試使用多種麵條，終於找到這種適合烹煮福建麵的粗麵條。一般情況下，麵條都是另外下水汆燙，但這裡則是放入中華鍋裡和湯頭一起烹煮，不僅麵條帶點濃稠，也刻意留下些許湯汁，讓客人吃麵時藉由麵條的帶湯力，讓整體口感更為濃郁滑順。另一方面，「參巴醬」是福建麵等多種麵食料理不可或缺的調味醬，蝦的鮮味搭配參巴醬的辣味與鹹味，更顯南國風情的美味。客人享用時可以擠些檸檬汁，再拌入餐廳自製的參巴醬，味道更有層次且豐富。

2 種麵條

使用粗條雞蛋麵（前面）和大米粉做成的細條米粉（後面）。新加坡當地通常會將 2 種麵條混合一起使用，增加口感上的豐富性。

鮮蝦

鮮蝦的用途除了增加味道，也為了讓麵條吸收鮮蝦的香氣與鮮味，搭配蝦頭一起熬煮，蝦頭裡的蝦膏同時也能作為調味料使用。

參巴醬

鹽漬鮮蝦和磷蝦，再和發酵蝦醬、蝦乾、辣椒醬（Grace Hot Pepper Sauce，照片後方）混拌在一起。參巴醬搭配麵條拌在一起吃，蝦的香氣與鹹味是整碗麵的關鍵味道。（P77）

福建麵

材料（1人份）

沙拉油…適量
豬油…適量
帶頭蝦…2尾
剝殼蝦…4尾
甲烏賊腳…6組
大蒜…2瓣
泰式魚露…2小匙
雞蛋…1顆
雞湯…70ml
（使用煮雞肉的湯汁製作而成）
水…約200ml
雞蛋麵（生麵）…120g
乾米粉…60g
韭菜…10g
豆芽菜…15g
粗研磨白胡椒…適量

作法

1

中華鍋裡倒入沙拉油和豬油加熱，放入帶頭蝦、剝殼蝦、甲烏賊腳炒熟。

2

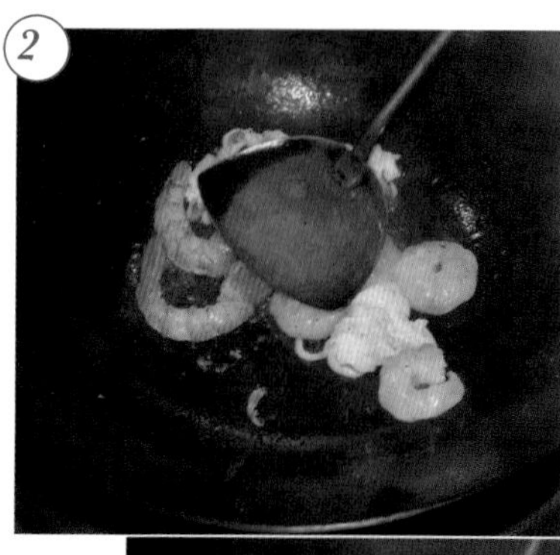

拌炒時輕壓帶頭蝦的蝦頭，讓香氣溶解出來。

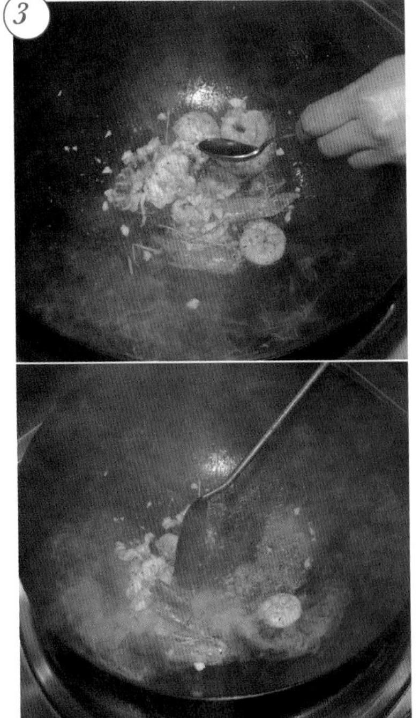

放入切粗碎的大蒜和魚露一起炒。

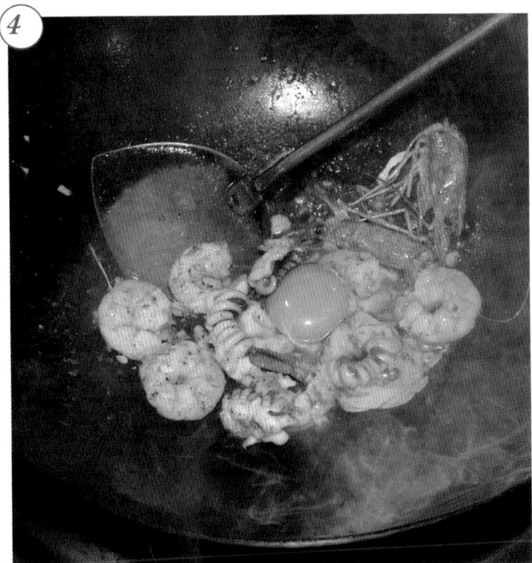

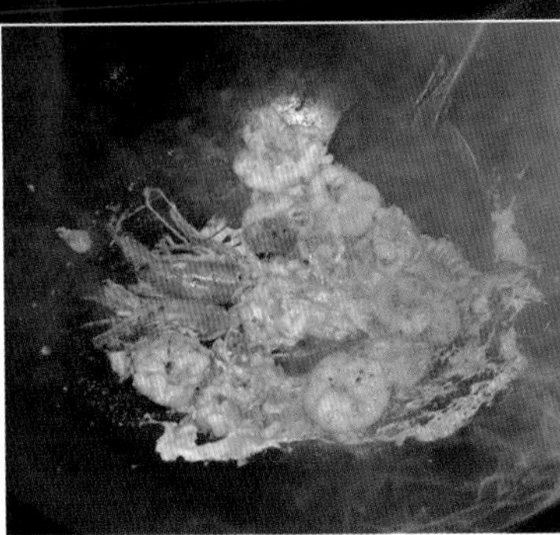

加入雞蛋，充分拌炒均勻。

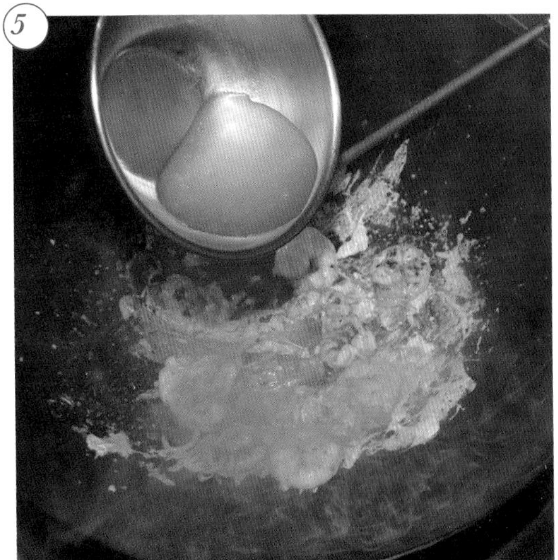

加入雞湯和水，充分與鍋裡的食材混拌均勻。

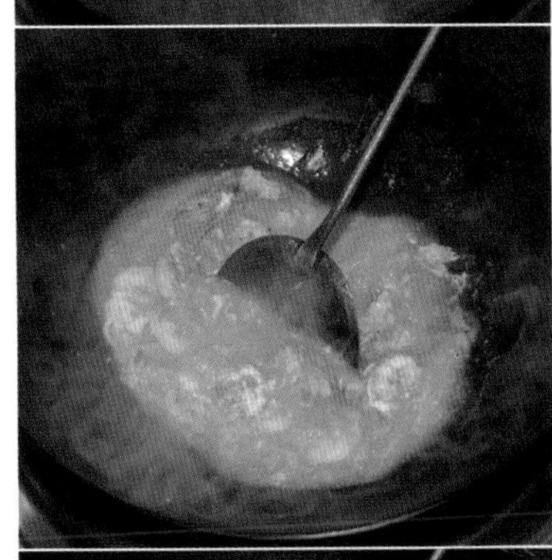

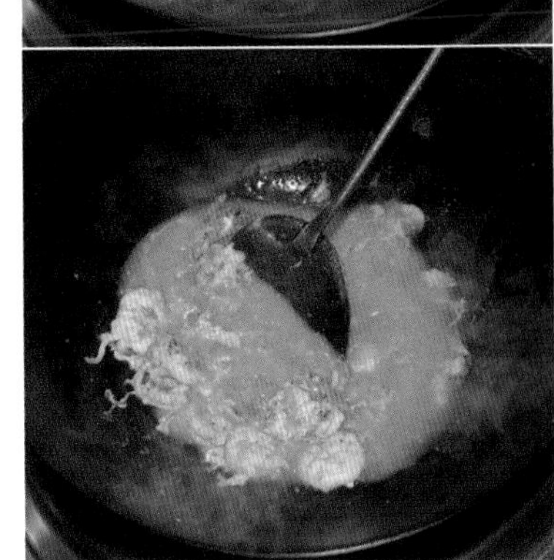

6

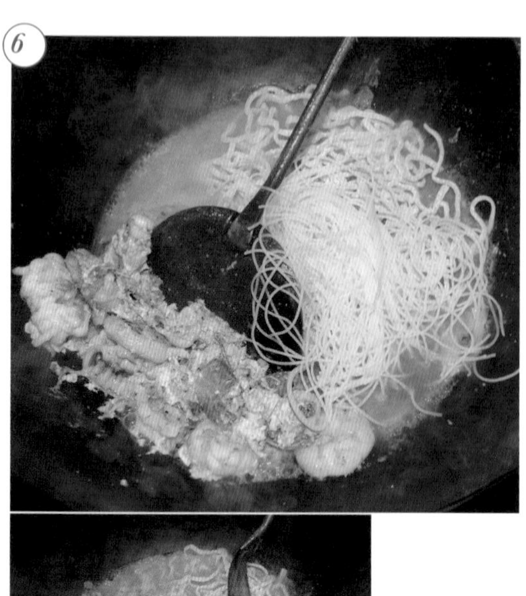

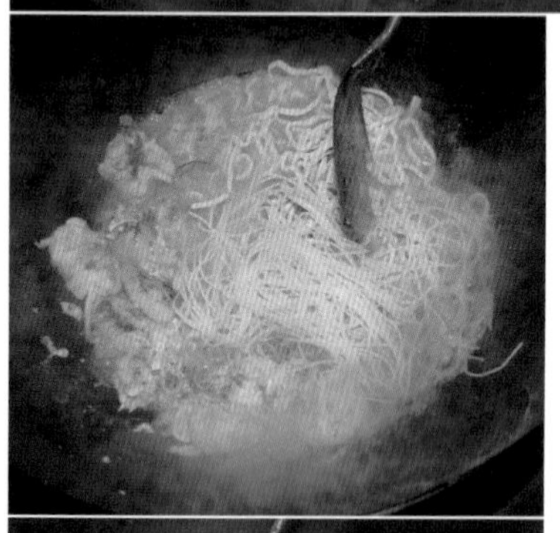

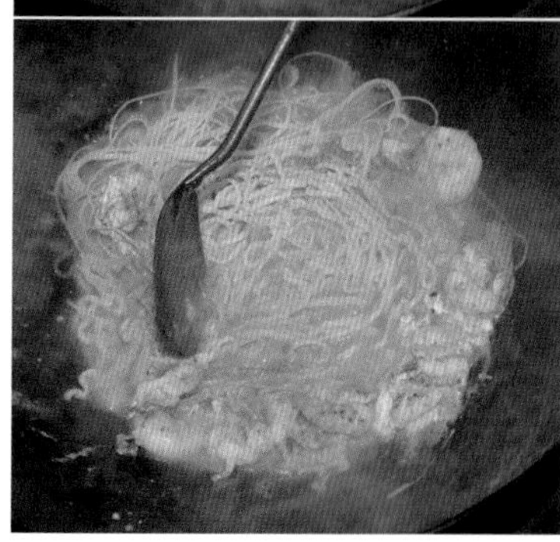

倒入雞蛋麵和米粉，拌炒的同時注入雞湯。

7

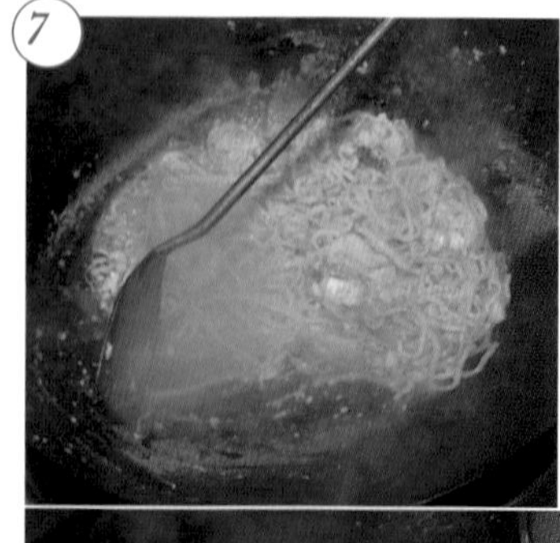

水分開始逐漸蒸發，略微燒焦的食材容易沾黏在鍋壁上，這時候要注入少量的水。

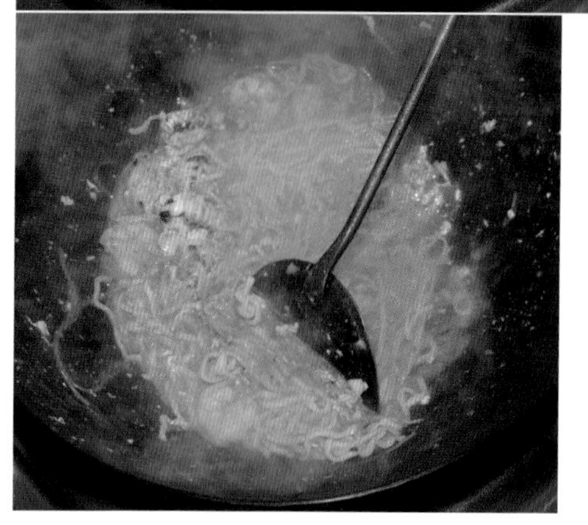

8

放入切成 3cm 的韭菜、豆芽菜和白胡椒炒在一起就完成了。

參巴醬

材料

辣椒醬
蝦乾
蝦醬

作法

1

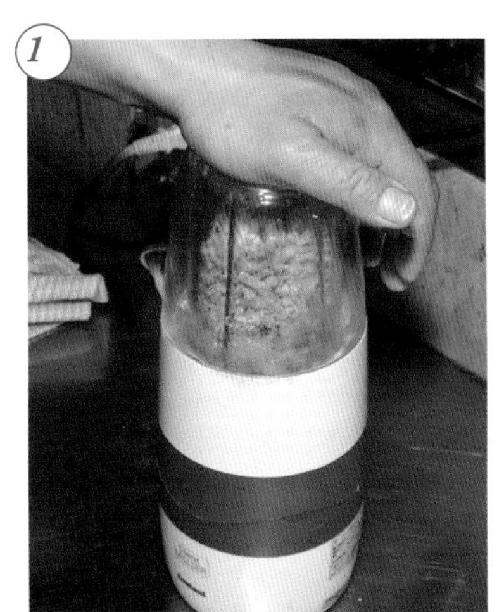

用攪拌機將蝦乾研磨細碎。

2 和其他材料混合在一起。

東京・渋谷

SINGAPORE HOLIC
LAKSA
新加坡 ホリック ラクサ

店家介紹詳見 P9

叻沙醬

將香料（紅椒粉、紅甜椒粉、薑黃、堅果等）放入油裡爆香，接著放入蝦粉製作成叻沙醬。

叻沙湯

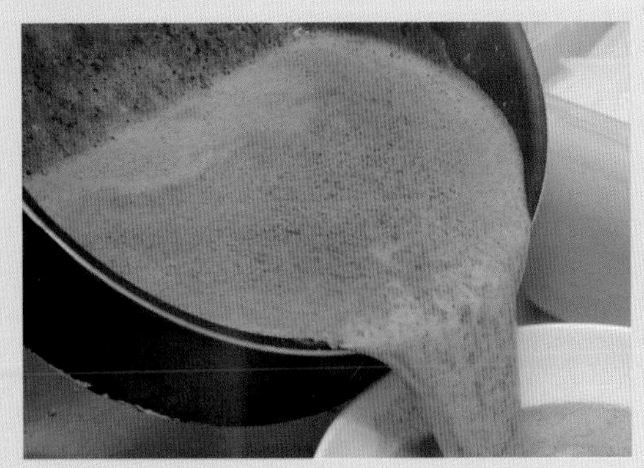

在叻沙醬裡倒入適量椰漿、牛奶製作成叻沙湯。

叻沙雞肉飯

叻沙是娘惹菜（Peranakan）的代表性麵食料理，而娘惹菜是源自中國南部料理和馬來半島料理的結合。叻沙是新加坡・加東的著名料理，特色是蝦高湯裡添加椰漿，湯頭濃郁又充滿各式香料的香氣。餐廳老闆茂子典子女士住在澳洲時，經常品嚐這道麵食，卻不知這其實是一道發源自新加坡的美食。之後，她前往新加坡旅遊，更是深受當地正宗叻沙的吸引。在當時的日本，叻沙並非大家耳熟能詳的料理，為了讓更多人了解叻沙的美味，她決定同朋友合夥一起開店，也經由朋友的介紹，向一位新加坡人主廚學習叻沙的烹煮方法。

同樣使用米粉製成的粉條，但新加坡當地使用的粉條呈圓形，而該餐廳使用的則類似河粉的扁粉條。平時主要提供光滑且具有嚼勁的長粉條，僅週六、週日供應自家製作且充滿 Q 彈口感的短粉條。製作叻沙最困難的部分是調製叻沙醬，在大中華炒鍋裡不斷煸炒多種香料，據說需要花費 1 整天的時間製作叻沙醬。該餐廳的叻沙特色是附有香菜、檸檬、蝦、蛤蜊、香腸等 19 種配料供客人自由搭配，而且辣度分為 5 級，從溫和到超級辣，由客人自行選擇。

叻沙

材料

叻沙醬
椰漿
牛奶
水
粉條（長粉條）
豆芽菜
油豆腐
蝦
泰式辣椒醬
檸檬
叻沙葉（越南香菜）

作法

1

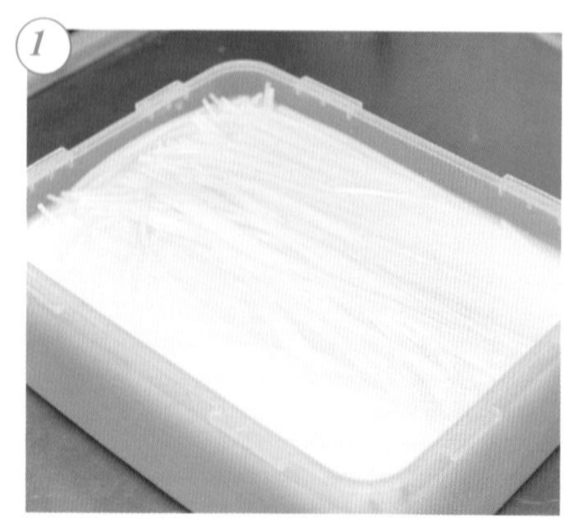

粉條浸泡在水裡 60 分鐘，泡軟備用。

2

粉條泡軟後汆燙 30 秒左右，撈起來盛裝至碗裡。

注入熱騰騰的叻沙湯混合在一起。

擺放煮熟的豆芽菜、油豆腐和蝦子。

放入辣椒醬和叻沙葉。使用叻沙醬和紅辣椒、砂糖、紅辣椒粉混合製作成辣椒醬。照片為「一般」分量。辣味程度分為「辣」（＋33日圓）、「非常辣」（＋55日圓）、「超級辣」（＋110日圓），供客人自行選擇。

搭配雞肉飯的套餐。不僅能享用雞肉飯，還能將叻沙湯淋在雞肉飯上，一次享受多重風味。

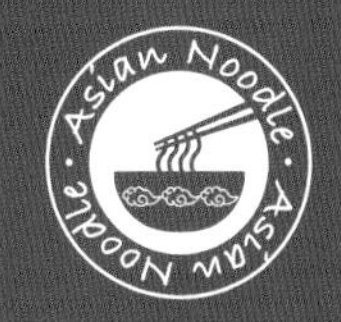

東京・渋谷

MALAY ASIAN CUISINE

マレーアジアンクイジーン

店家介紹詳見 P10

河粉

「沙河粉」是使用大米蒸煮而成的扁麵條，而正宗沙河粉的原產地是中國廣州。可用於湯麵、炒麵等各式料理。可以使用一般河粉取代。

蛋雞

使用一整隻蛋雞熬湯。蛋雞的肉質比肉雞緊實，鮮味也更強烈，適合用於熬湯。

豆芽菜

在水資源豐富的怡保市，以清甜乾淨水源栽種的豆芽菜是當地名產，也是各種怡保料理不可欠缺的重要食材。

怡保雞絲河粉

怡保市是馬來西亞北部霹靂州的首府，怡保雞絲河粉則是當地的招牌麵食料理。怡保市是世界聞名的「饕客天堂」，四周群山圍繞，擁有豐富的潔淨水源，尤其適合栽種怡保雞絲河粉不可欠缺的配料豆芽菜，而豆芽菜的美味更使其成為當地名產。河粉起源自中國廣東省，怡保市有不少遷徙自廣東的馬來西亞人居住。該餐廳老闆 CHAKISHIN 先生的故鄉就是怡保市，他以自己獨創的配方製作出從小到大再熟悉不過的麵食料理。

雞高湯搭配蝦高湯的湯頭組合是這道餐點的最大特色，雞高湯和蝦高湯的比例為 4：1。以小火熬煮蛋雞 4 個小時以上，慢慢萃取濃郁的雞高湯。蝦高湯部分則是先將蝦子炒過再熬成湯，讓鮮味與香氣充分溶解至湯裡。由於蝦子是帶殼一起炒，所以蝦高湯略呈淡紅色。這次使用的是甜蝦，但也可以使用帶頭蝦，蝦頭和蝦殼一起入湯，能使蝦風味更加豐富且鮮明。

怡保雞絲河粉有多種烹煮方式，其中一種是雞高湯搭配豬骨，湯頭不會呈現白濁，而是極為清澈。主要配料為水煮雞肉，切成條狀或撕成條狀後放入碗裡，基於這個形狀，所以稱為「雞絲」。大家可以依照個人喜好添加辣椒或淋上醬油醬汁。

怡保雞絲河粉

材料 （1人份／容易製作的分量）

河粉…60g
雞胸肉…1片
雞高湯※（P86）…適量
蝦高湯※（P87）…適量
南美白蝦…1尾
豆芽菜…30g
砂糖…少許
鹽…少許
蠔油…1/2小匙
泰式魚露…1/2小匙
大蒜酥…適量
雞油※（P86）…適量
蝦油※（P87）…適量
青蔥…適量

※完成後的湯量約300ml。
※使用30g雞絲。

作法

1

事先將河粉浸泡在30℃溫水中15分鐘。

2

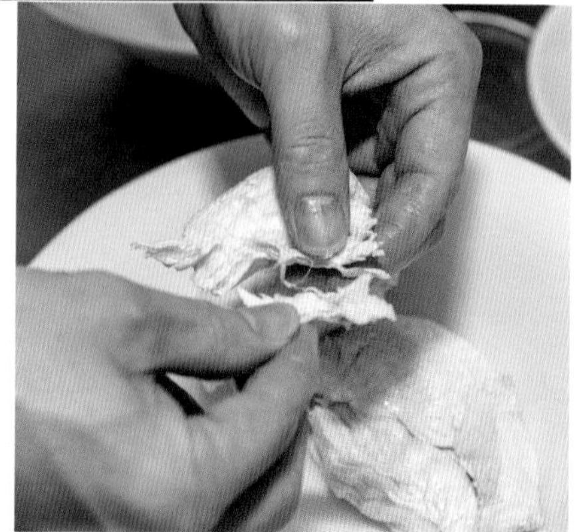

以雞高湯汆燙雞胸肉10分鐘左右，然後放入冰水中冰鎮，盛裝時用手撕成條狀備用。

3 取小鍋煮沸熱水，分別汆燙剝殼南美白蝦和豆芽菜。

將雞高湯和蝦高湯以 4：1 的比例倒入鍋裡加熱。以砂糖、鹽、蠔油、泰式魚露調味。

取小鍋煮沸熱水，將①放入熱水中煮 3 分鐘左右後瀝乾。

麵條盛裝至碗裡，放入雞胸肉和南美白蝦，接著注入高湯。澆淋雞油和蝦油，最後撒些大蒜酥和青蔥末。

※ 雞高湯

材料（容易製作的分量）

蛋雞…2 隻（小型）
水…8L
洋蔥…2 個
長蔥…1 ～ 2 根（含綠色部位）
大蒜…2 個
生薑…50g

作法

1

深桶鍋裡裝水，將蛋雞以外的食材都放入鍋裡加熱。

2

放入蛋雞，煮沸後轉為小火熬煮 4 個小時以上。熬煮時間愈長，味道愈濃郁。

※ 雞油

材料（容易製作的分量）

雞胸肉的雞皮…多餘的雞皮
蛋雞脂肪…適量

作法

1

鍋裡放入雞皮和雞脂肪，以大火加熱至出油。

※ 蝦油

材料（容易製作的分量）

沙拉油…300ml
甜蝦…300g
大蒜…10 個左右

作法

1 沙拉油倒入中華鍋裡，以大火加熱，接著放入甜蝦和大蒜。

2 甜蝦的水分蒸發後，轉為中火燜煮 15 分鐘左右至酥脆。

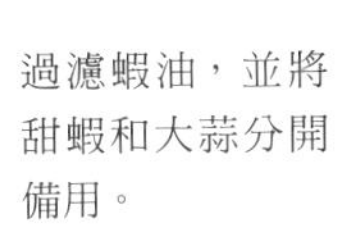

3 過濾蝦油，並將甜蝦和大蒜分開備用。

※ 蝦高湯

材料（容易製作的分量）

水…600ml
用於製作蝦油的甜蝦、大蒜…全數

作法

1 鍋裡注水加熱，放入製作蝦油時使用的甜蝦和大蒜，以大火熬煮 10 分鐘左右。

東京・大山

MANA KANAMA

マナカマナ

店家介紹詳見 P10

WaiWai 123 乾麵
印度瑪撒拉綜合香料粉

WaiWai 123 乾麵（照片中央）是一款在尼泊爾相當受歡迎的乾麵。一般最常見的吃法是將內附的辣椒粉、洋蔥油和乾麵混拌在一起，但這次要提供給大家的是變化版「涼拌 WaiWai」。印度瑪撒拉綜合香料粉（照片右上方）是一款撒在水果上或添加在咖哩裡面的綜合香料粉。香料粉主要成分為芒果粉、岩鹽，水果酸味搭配岩鹽鮮味的綜合香料粉。

涼拌 WaiWai 乾麵

『MANAKANAMA』是一家打著「美味咖哩和尼泊爾料理」名號的餐廳，自 1998 年開幕以來，即便是午餐時段也吸引不少當地日本人和在日尼泊爾人上門捧場。這道「涼拌 WaiWai」餐點中的「WaiWai」是指乾麵的意思，這次使用雞汁口味的乾麵。用於涼拌的醬汁則使用檸檬和香料調製而成，兼具酸味與辣味。將乾麵和生菜、花生混合在一起，再以芥子油、瑪撒拉綜合香料粉調味。乾麵具有清脆的咬感，而咀嚼花生的瞬間，芥子油和辣椒粉的辣味、瑪撒拉綜合香料粉調味的芒果粉酸味在口中蔓延。既是一道輕食料理，也適合作為喝酒時的下酒菜。

涼拌 WaiWai 乾麵

材料 （4 人份）

WaiWai 123 乾麵…75g
紅洋蔥…1/4 顆
小黃瓜…1/3 根
番茄…1/4 顆
青辣椒…1/2 根
香菜（葉子部分）…2 束
花生…2 大匙
辣椒粉…1 小匙
鹽…1/2 小匙
檸檬汁…1/3 顆分量
辣椒粉、洋蔥油
…WaiWai 123 乾麵內附的調味料
瑪撒拉綜合香料粉…1/2 小匙
芥子油…1 小匙

作法

1

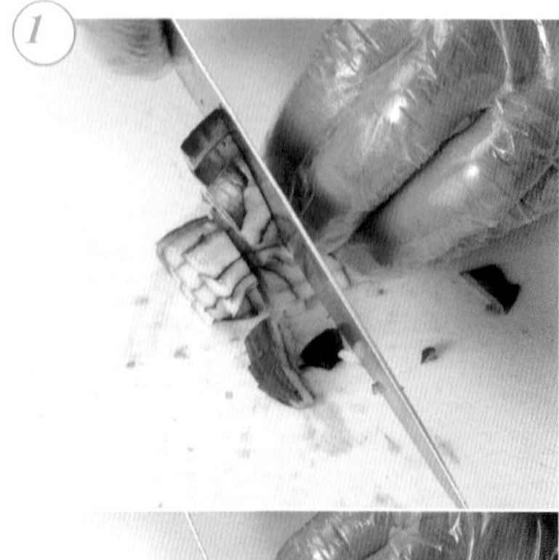

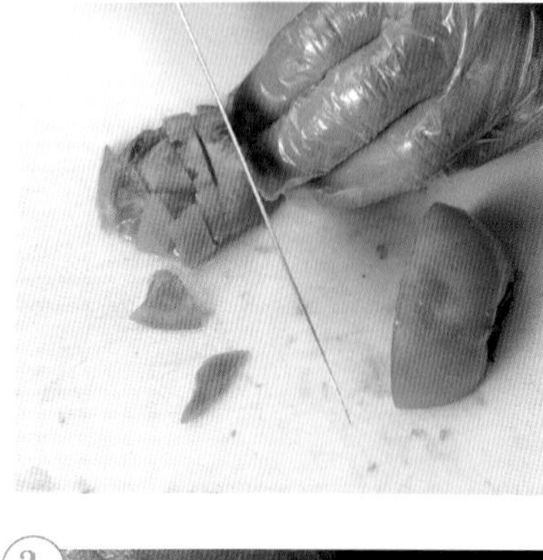

將紅洋蔥、小黃瓜、番茄切粗粒。

2

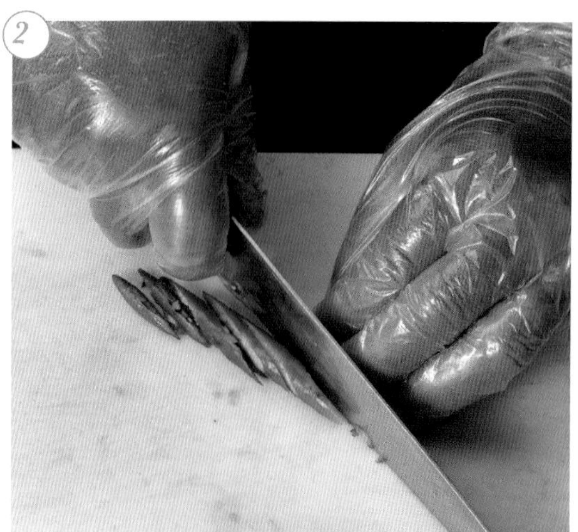

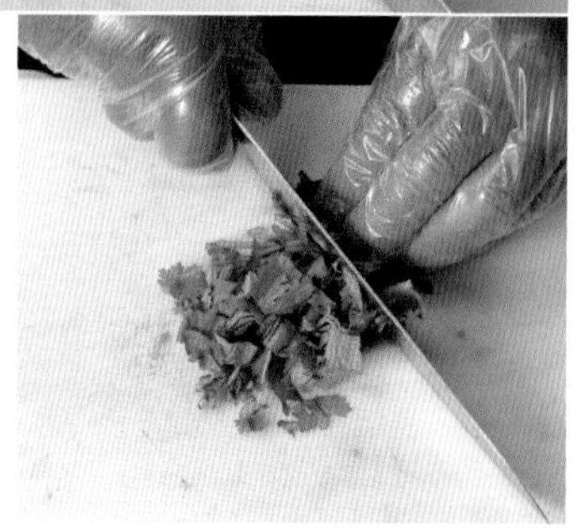

青辣椒斜切成薄片。香菜葉部分切粗碎。

3

攪拌盆裡放入①和②、辣椒粉、鹽、花生，混合在一起後淋上檸檬汁。

4

乾麵麵體稍微搗碎後也放入攪拌盆中混合在一起。

5

將 WaiWai 123 乾麵隨附的辣椒粉、洋蔥油和瑪撒拉綜合香料粉一起倒入攪拌盆中，充分混拌在一起。

東京・松陰神社前

Goda Cafe

ゴーダカフェ

店家介紹詳見 P10

泡麵

有雞湯口味、咖哩口味等。這次使用的是素食者也能享用的美極麵。根據包裝袋上的烹調方式，煮麵時間為「2分鐘」，但實際上需要煮3～4分鐘，麵條才會比較軟。

印度休閒點心麵（BHUJIA SEV）

印度豆粉製作的零嘴。可以直接食用，也可以添加在料理中增添口感。不少印度菜餚都會添加這款點心麵。

印度調味料
（GODA CAFE TABLE SPICE，辣味）

美極麵（Maggi）裡附有粉末調味包，但味道可能略顯不足。印度小吃攤除了使用泡麵原本隨附的調味包，各店家還會另外添加辛香料。這次我們使用的是『GODA CAFE』綜合香料。

蔬菜瑪撒拉湯麵

美極麵是印度的國民美食。這道使用泡麵製作的料理是當地非常受歡迎的輕食，也是許多小吃攤的速食餐點。最常見的吃法是將乾麵麵體分成4塊，然後用熱水煮至麵條軟爛，除了添加泡麵隨附的調味包，也可以依個人喜好添加綜合香料、蔬菜、起司等配料。部分店家或一般家庭通常不會事先弄碎麵體，而是直接放入水裡煮，而且多半以叉子吃麵，不使用湯匙。在日本的印度料理食材店買得到這款乾麵，但使用日本袋裝泡麵，搭配混合香料，同樣能做出具有辣味的瑪撒拉湯麵。

日本袋裝泡麵的煮法為先煮沸熱水，水滾後放入麵體、配料，麵條散開後再添加隨附的調味包，這種烹煮方式不同於印度小吃攤。印度小吃攤的做法為先拌炒配料，接著放入粉末調味料一起炒，接著加水煮至沸騰，水滾後再放入麵條。粉末調味料事先炒過，所以香味更鮮明。這次為大家介紹的是日本式「蔬菜瑪撒拉湯麵」。

蔬菜瑪撒拉湯麵

材料

泡麵…70g/1 袋
水…210ml
隨附的粉末調味料…1 包
紫洋蔥（切末）…1 大匙
番茄（1cm 立方塊）…1 大匙
豌豆…1 小匙
青辣椒（切末）…1 小匙
印度調味料
（GODA CAFE TABLE SPICE，辣味）…適量
印度休閒點心麵…適量

作法

1

平底鍋裡倒入 210ml 的水，煮沸後放入稍微弄碎的麵體和粉末調味料。（煮麵時間約 3 ～ 4 分鐘）。

2

時而攪拌一下將麵條撥散，放入紫洋蔥、番茄、豌豆和青辣椒。

3

煮到平底鍋裡的湯汁幾乎收乾，適量撒些印度調味料後關火。

4

盛裝至器皿中，將印度休閒點心麵撒在麵條上就完成了。附上叉子供客人使用。

東京・松陰神社前

Goda Cafe

ゴーダカフェ

店家介紹詳見 P10

蔬菜瑪撒拉炒麵

接下來為大家介紹印度式烹煮方法的「蔬菜瑪撒拉炒麵」，先將配料和隨附的調味料拌炒後再與麵條混合在一起。

配料和香料炒在一起，不僅讓配料充滿香料的香氣，更因為成品是一道不帶湯汁的菜餚，所以辛香料的香氣與辣味更為明顯。

單用隨附的調味料，味道可能略顯不足，同「蔬菜瑪撒拉湯麵」的作法，另外添加印度調味料（GODA CAFE TABLE SPICE，辣味）。這款綜合香料的成分包含香菜、孜然、黑胡椒、岩鹽、芝麻、奧勒岡、薑、辣椒，充滿多樣化香氣的辣味，適合用在各種料理中，堪稱萬能綜合香料。

印度調味料

（GODA CAFE TABLE SPICE，辣味）

蔬菜瑪撒拉炒麵

材料

泡麵…70g/1 袋
水…210ml
隨附的粉末調味料…1 包
紫洋蔥（切末）…1 大匙
番茄（1cm 立方塊）…1 大匙
豌豆…1 小匙
青辣椒（切末）…1 小匙
印度調味料
（GODA CAFE TABLE SPICE，辣味）…適量
印度休閒點心麵…適量
沙拉油…1 大匙

作法

1 在鍋子中倒入210ml 的水，煮沸後放入稍微搗碎的麵體。煮麵時間約3～4分鐘，煮至熱水收乾。

2 平底鍋裡倒入 1 大匙沙拉油並加熱，放入所有蔬菜配料和隨附調味料，輕輕拌炒混合在一起。

將煮好的麵條倒入②的平底鍋裡，混合拌炒在一起。

撒上一些印度調味料（GODA CAFE TABLE SPICE，辣味），充分混拌均勻後關火。（覺得太乾時，可稍微加些熱水調整）

(5) 盛裝至器皿中，撒些印度休閒點心麵在麵條上就完成了。附上叉子供客人使用。

東京・松陰神社前

Goda Cafe

ゴーダカフェ

店家介紹詳見 P10

起司咖哩美極麵

好比咖哩和起司很對味，美極麵和起司也非常速配。帶點濃稠的外觀更是刺激食慾，乳製品的濃醇與層次感讓味道更具深度。乳製品稍微緩和了美極麵的辣味，整體風味轉為圓潤。也可以嘗試添加一些鮮奶油。
這次改用原味的印度調味料（GODA CAFE TABLE SPICE），成分包含香菜、孜然、岩鹽、黑胡椒、芝麻、奧勒岡和羅勒，一款充滿溫醇香氣的綜合香料。

印度調味料
（GODA CAFE TABLE SPICE，原味）

調味料成分包含香菜、孜然、岩鹽、黑胡椒、芝麻、奧勒岡、羅勒，充滿溫和的香氣，是一款適合用於各種料理的萬能綜合香料。

起司咖哩美極麵

材料

泡麵…70g/1 袋
水…210ml
牛奶…45ml
隨附的粉末調味料…1 包
印度綜合香料葛拉姆瑪薩拉…2 小匙
切片起司…1 片
起司絲…3 大匙

印度調味料
（GODA CAFE TABLE SPICE，原味）…適量
起司絲…適量（最後點綴用）

作法

1

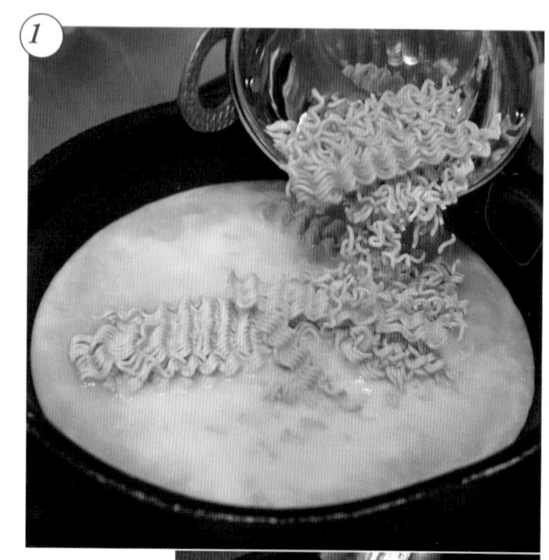

平底鍋裡倒入 210ml 的水和 45ml 的牛奶，煮沸後加入稍微敲碎的麵體和隨附的粉末調味料。（煮麵時間約 3 ～ 4 分鐘）

時而攪拌一下撥開麵體，放入起司片和起司絲，充分攪拌至起司融化後轉為小火。

平底鍋裡的汁液幾乎收乾，呈卡邦尼意大利麵的狀態時，適量撒些印度綜合香料葛拉姆瑪薩拉和印度調味料（P.101）後關火。將麵條盛裝至器皿中，最後撒些起司絲就完成了。附上叉子供客人使用。

東京・白山

yum-yum kade

ヤムヤムカデー

店家介紹詳見 P10

蒸米粉

蒸米粉的材料為大米粉。將大米粉、鹽和水混合揉搓在一起，接著將揉好的麵團放入開孔的筒子（蒸米粉模具）中，擠壓製作成麵條狀，蒸熟後即是蒸米粉。

蒸米粉模具

放入麵團並擠壓成麵條狀的器具。

椰絲參巴與蒸米粉

說到蒸米粉，最常見的吃法就是將蒸熟的米粉和斯里蘭卡椰絲參巴（Pol sambol，將磨碎的椰子和香料等混合製作而成）混拌在一起。另外，在薑黃椰奶汁（Kiri Hodi，椰奶為基底的咖哩醬汁）中加入洋蔥和香料調味後，淋在蒸米粉上也是常見的吃法之一。充滿魚蝦味的椰奶搭配小扁豆咖哩也十分對味。在斯里蘭卡一般都用手進食，所以當地人會將椰絲參巴或小扁豆咖哩淋在蒸米粉上，然後用手拌勻後，以手撕蒸米粉的方式食用。

椰絲參巴通常也是白飯和咖哩的最佳配料，夾在吐司裡一起吃也是不錯的方法。沒吃完的蒸米粉還可以油炸後作為甜點。

椰絲參巴與蒸米粉

材料 蒸墊 12 片分量

大米粉…1 杯
鹽…1 小撮
水…150ml

作法

1

將大米粉和鹽混合在一起，邊少量加水邊混拌均勻。先以木鏟將材料混合在一起，攪拌至一定程度後改用雙手揉麵團。大米粉的吸水力隨著氣溫改變，先大致以 150ml 的水為基準。揉好麵團後趁軟填入蒸米粉模具，方便擠壓出一條條的米粉。若麵團過於柔軟，蒸煮時容易沾黏，務必適度控制水量，勿讓麵團吸太多水而過於軟爛。

2

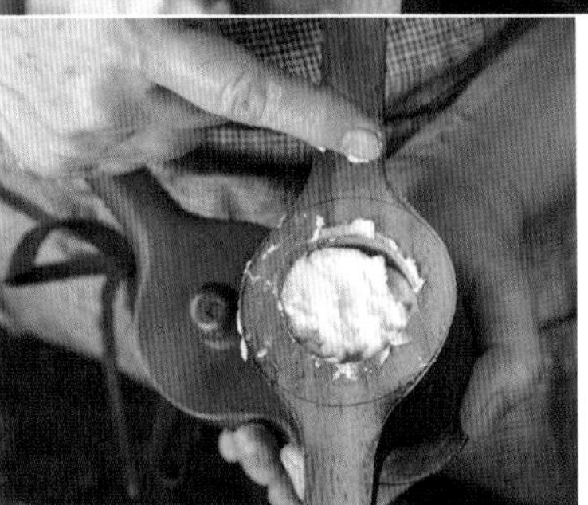

揉好麵團後無需靜置醒麵，直接填入蒸米粉模具中，並且將米粉擠壓在蒸墊上。

3

放進蒸籠中蒸煮8分鐘。將蒸好的米粉盛裝於碗中後立即食用。蒸米粉是一道烹煮後不能久放的菜餚。

椰絲參巴

材料 （4 人份）

椰子細粉…2/3 杯
洋蔥…20g
粗研磨辣椒…2 小匙～ 1 大匙
鹽…2/3 小匙
檸檬汁…2 小匙

作法

1

將洋蔥、鹽、粗研磨辣椒放入石臼中，搗至看不出洋蔥形狀為止。

不見洋蔥形狀後，倒入椰子細粉繼續搗。

整體染上紅辣椒顏色且椰子細粉變黏稠後，加入檸檬汁混合在一起。
如果椰絲參巴沒有使用完畢，可以在鍋裡倒入些許椰子油加熱，然後倒入剩餘的椰絲參巴煸炒，炒過的椰絲參巴更具香氣且美味。

東京・白山

yum-yum kade

ヤムヤムカデー

店家介紹詳見 P10

洋蔥

這是一道充分活用美味洋蔥汁的料理，重點在於用手輕輕壓碎洋蔥，或者使用石臼輕輕搗碎。

番茄椰奶汁與蒸米粉

番茄椰奶汁（Tomato Hodi）是薑黃椰奶汁（Kiri Hodi）的變化版。椰奶裡添加洋蔥和香料熬煮成薑黃椰奶汁，也可以添加汆燙過的馬鈴薯或蝦子。番茄椰奶汁非常適合搭配麵包一起吃。斯里蘭卡的用餐禮儀是徒手進食，所以他們習慣將放涼至常溫的菜餚淋在蒸米粉上，用手拌勻後再撕成一口一口吃。即便是湯類菜餚也必定搭配椰絲參巴一起吃。

Thuna paha 香料是斯里蘭卡料理中常用的傳統綜合香料，主要成分為芫荽、孜然、小茴香。Thuna paha 的「Thuna」是「3」的意思，表示由 3 種香料調製而成。店家或一般家庭會再另外添加其他成分的香料，製作成專屬於各家的獨創綜合香料。除此之外，根據不同菜餚，分別使用直接磨碎的香料或烘烤後磨碎的香料。

番茄椰奶汁的熬煮時間短，所以洋蔥於切片後先用石臼或用手搗碎後再放入鍋裡烹煮，這樣洋蔥的水分才能充分溶解至湯汁裡，提高番茄椰奶汁的鮮美味道。搭配青辣椒並非只為了增加辣味，也為了作為配料使用，以縱切方式處理後放入鍋裡熬煮。

番茄椰奶汁

材料 （4 人份）

番茄…2 顆（150g）
大蒜…3g
洋蔥…40g
青辣椒…2 根
咖哩葉…6 片
薑黃…1/4 小匙
錫蘭肉桂粉…2 小撮
辣椒粉…1/4 小匙
斯里蘭卡傳統綜合香料
（Thuna paha）…2 小匙
鹽…1 小匙
椰奶…500ml
（5 大匙椰奶粉加 500ml 溫水混合製成）

作法

1

將椰奶粉和溫水混合一起製作成椰奶。

2

將洋蔥切片約 2cm 長，用手或石臼搗碎。青辣椒去蒂後對半縱切。大蒜切片。番茄切塊備用。

3

將香料、①、②放入鍋裡熬煮。

4

所有配料變軟後就完成了。由於斯里蘭卡是徒手進食，所以靜置放涼至常溫後再澆淋於蒸米粉上，拌勻後撕成一口一口吃。剛煮好的番茄椰奶汁淋在剛蒸熟的蒸米粉上也非常好吃，但使用叉子進食以避免燙傷。

東京・豪德寺

辣上帝
Lashangtea
ラシャンティ

店家介紹詳見 P10

寬粉

特別向奈良冬粉製造商訂製寬粉。使用日本國產澱粉重現重慶和中國各地使用的寬粉。煮寬粉的時間約 20 分鐘。（照片左側為日本平常使用的冬粉）

黑醋

使用中國・重慶酸辣粉中常用的糯米製作成黑醋。

酸辣粉

酸辣粉是中國重慶的傳統料理，一道使用冬粉烹煮的超辣菜餚。雖然說是冬粉，但酸辣粉使用的麵體其實是煮熟後寬度超過 5 mm的寬粉。煮麵時間需要 20 分鐘左右，剛煮好時嚼勁十足，甚至有人說「咬得下巴好累。」寬粉的最大特色是宛如珍珠粉圓般的 Q 彈口感，對男性來說也具有十足的飽足感。漢源花椒的麻辣味和黑醋的酸味是酸辣粉的最大特點。餐廳老闆至中國重慶旅遊時，品嚐過當地的酸辣粉後深深為之著迷，甚至為了酸辣粉先後造訪重慶不下十數次，也終於在 2011 年如願開了一家酸辣粉專賣店。日本其實沒有寬粉這種麵體，老闆委託奈良的製造商以日本產澱粉開發並生產這款獨創的寬粉。另一方面，不斷嘗試以牛豬混合絞肉製作肉醬，並成功複製近乎當地的酸辣粉美味。餐廳提供各種辣度，從不辣的①，辣味②＝該餐廳獨創（價錢比①多 110 日圓），大辣③（價錢比②多 110 日圓），激辣④（價錢比③多 110 日圓），危險等級辣⑤（價錢比④多 110 日圓），客人可以依照個人喜好選擇。以增加紅辣椒粉（混合 2 種以上的紅辣椒）的比例來調整各階段③～⑤的辣度。追加配料包含香菜、青蔥、起司、生雞蛋、萵苣、切塊番茄、納豆（各 77 日圓）。追加香菜和青蔥，能夠使整體味道更貼近當地正宗的酸辣粉，推薦給各位作為參考。

酸辣粉

材料

寬粉…80g（可使用乾麵）
白菜
肉醬
黑醋
辣油
蔥
香菜
漢源花椒、花生…另外隨附

作法

1 汆燙寬粉 20 分鐘。持續以大火烹煮，但小心不要溢出。也可以使用電鍋煮寬粉，這段時間正好用於處理其他配料。

2 將煮好的寬粉瀝乾後盛裝於碗中。為了方便之後攪拌均勻，加入些許煮麵水。

放上幾片生白菜，倒入熱騰騰的肉醬。

澆淋黑醋和辣油，並且以青蔥和香菜裝飾。最後撒些漢源花椒粉和花生。（無論外帶或內用，這2樣材料都是另外隨附，大家可以自行增減使用）

東京・池尻大橋

田燕
まるかく三

デンエン

店家介紹詳見 P11

BIANG BIANG 麵

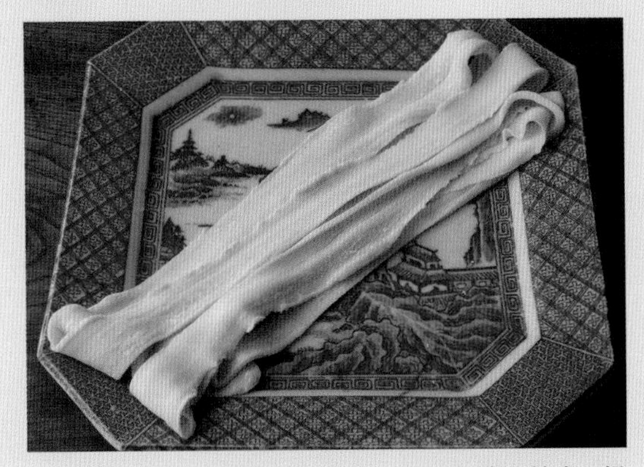

以高筋麵粉和水製作而成的麵條，不添加鹽和鹼水。揉好麵團且整型後，靜置一晚醒麵。這是中國陝西省的傳統手打寬乾麵，同時也是陝西省最膾炙人口的麵食料理。

水煮牛肉 BIANG BIANG 麵

『田燕まるかく三』餐廳總是供應像媽媽親手烹煮的家常菜，以及對身體非常溫和的中日式菜餚，其中陝西省西安出生的中國籍權主廚的手作正宗 BIANG BIANG 麵更是深受客人喜愛。這是中國陝西省的特色家鄉菜手打寬乾麵，也是陝西省多樣化麵食料理中評價最好的一種。使用小麥麵粉和水揉成麵團後，直接拉長成麵條。將蔬菜和肉放在麵條上，並以黑醋醬汁拌勻，接著放入大蒜和辣椒，最後澆淋熱騰騰的大豆油，整個空間瞬間瀰漫誘人的香味。最初麵條全由權主廚親手製作，但經過權主廚的細心指導，現在餐廳裡的工作人員也都學得一身製麵的好本領。BIANG BIANG 麵的最大特色是寬版麵條的Q彈嚼勁，只用麵粉和水製作成麵團，完全不使用麵刀切條，而是以手撕方式調整麵條形狀。

將 BIANG BIANG 麵和深受日本人青睞的四川經典名菜「水煮牛肉」（辣椒熬煮牛肉片）組合在一起，四川風味的 BIANG BIANG 麵果然吸引不少老饕上門。這道料理使用涮涮鍋專用的牛五花，以不具辣味的韓國辣椒增添色彩，並透過純辣椒粉調整辣度。另外，放入花椒打造四川風味。最後澆淋大量熱油，為的是帶出辣椒和大蒜的香氣。

水煮牛肉 BIANG BIANG 麵

材料

BIANG BIANG 麵條 ※（P122）
牛肉湯 ※（P124）
大蒜（切末）
純辣椒粉
韓國辣椒粉
鷹爪辣椒（切圈形）
花椒粉
大豆油
白芝麻

作法

1

將拉長的麵條放入煮沸的熱水中，煮 3 ～ 4 分鐘後撈起來盛裝至碗裡。

從麵條上注入牛肉湯，接著放入蒜末、純辣椒粉、韓國辣椒粉、韭菜、圈形辣椒、花椒粉。

加熱大豆油，澆淋在盛裝於碗裡的大蒜、辣椒、花椒粉上，最後撒些白芝麻。

※BIANG BIANG 麵條

最大特色是寬版麵的 Q 彈嚼勁。只用麵粉和水製作麵團，不用切麵刀切條，而是以手撕方式調整麵條形狀。在來自陝西省西安的中國籍權主廚指導下，餐廳提供最正宗道地的 BIANG BIANG 麵美味。

材料（2～3 人份）

高筋麵粉…200g
水…94g

作法

攪拌盆裡放入秤好分量的麵粉和水，用料理筷充分攪拌均勻。

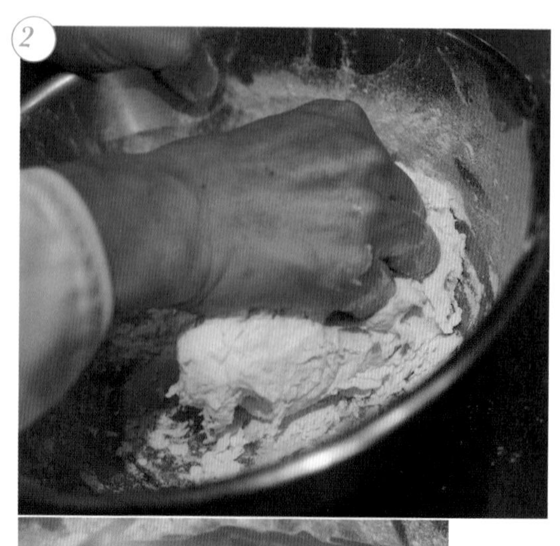

拌勻後用雙手將麵團揉至滑順並整成圓形。靜置一晚備用。

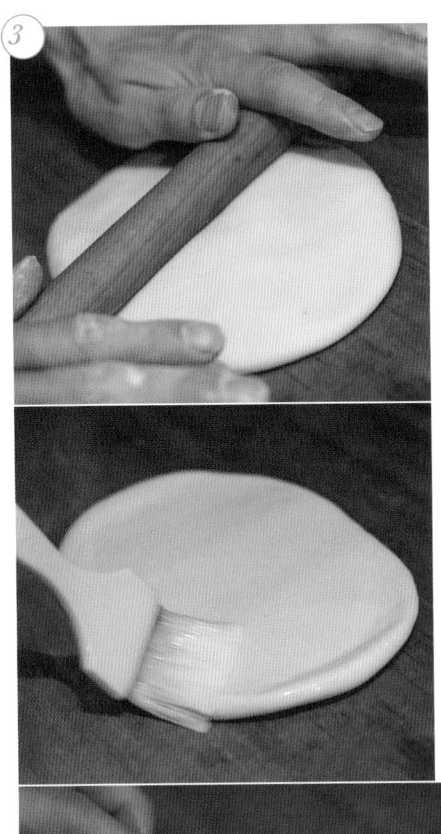

將麵團擀成扁平狀，以毛刷沾油塗抹於麵皮上，接著切成二等分。

雙手各拉住麵皮的兩端，向左右慢慢拉長再對折。重覆2次。

※ 牛肉湯

在使用雞肉和豬肉熬煮4個小時的湯裡放入豆瓣醬、一半分量的蒜末，飄出香味後放入白菜、牛肉、豆芽菜、木耳，再稍微熬煮一下。

材料（2～3人份）

白菜…300g
豆芽菜…100g
泡水恢復原狀的木耳…80g
涮涮鍋用的切片牛五花…200g
沙拉油…200ml
韭菜…5～6根
大蒜…3～4片
豆瓣醬…2大匙
水…600ml

A
醬油…2大匙
砂糖…2小匙
雞汁調味料…2小匙

作法

1

白菜切成一口大小，牛肉斜切成片狀，大蒜切末，韭菜切小口狀。

2

鍋裡倒入沙拉油（2大匙），接著放入豆瓣醬、蒜末，炒出香味。

將水和 A 調味料混合在一起。

放入切好的白菜、牛肉、豆芽菜、黑木耳、韭菜，稍微煮一下後關火。

東京・赤坂

月居 赤坂

ゲッキョ

店家介紹詳見 P11

黃豆醬

使用中華豆醬和黃豆醬，不使用辣椒，甜味更濃郁且有深度。

黃醬

主要原料為大豆、小麥麵粉、鹽，是一種味道近似日本味噌的中式醬料。炒過的風味更鮮明。

炸醬麵

使用多樣化食材烹煮的中華料理讓主廚船倉卓磨先生產生濃厚興趣，而在這樣的機緣下，前往『赤坂璃宮』餐廳當學徒。在餐廳大廚譚彥彬先生的指導下學習烹調廣東料理。之後進一步前往香港、北京等地體驗各式各樣的中華料理，而其中最令他印象深刻的是北京小街餐館的美味菜餚。北京料理融合使用中國各地食材的宮廷料理、來自西方文化的小麥麵粉料理，以及煎餃類的一般家庭料理。其中炸醬麵就是當地隨處可見又家喻戶曉的一道小吃。目前在『月居赤坂』餐廳裡，炸醬麵是隱藏版菜單，吃完晚餐仍覺得不滿足的客人，可以再來一碗炸醬麵。當初是基於讓客人好比看秀般從吧台欣賞製麵過程的想法，才開始提供炸醬麵這道菜餚。集結主廚本身享用過的多種炸醬麵口味，在北京正宗美味中加入味噌與甜麵醬等主廚的獨特創意。將多種香料、味噌、甜麵醬、黃豆醬、黃醬放入油裡煸炒，讓醬汁的香氣更為鮮明，然後再遵循北京道地的炸醬麵作法，佐以大約 6 種蔬菜。正宗炸醬麵使用的是類似日本烏龍麵的麵條，只需要將醬汁、配料和麵條均勻拌在一起即能享用。油的香氣和濃郁的甜辣調味是這道炸醬麵的關鍵所在。

炸醬麵

材料

麵條 ※（P129）
肉醬 ※（P130）
豆芽菜
紅心蘿蔔
毛豆
白菜
白蔥

作法

1

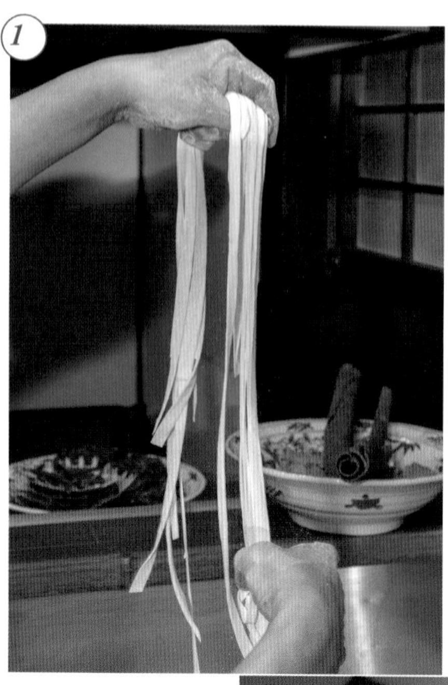

麵條放入滾水中煮2～3分鐘。撈起後以流動清水洗去黏糊，這個步驟也是為了讓麵條口感更緊實。製作冷拌炸醬麵的話，將麵條瀝乾後盛裝至碗裡；製作熱拌炸醬麵的話，則再將麵條放入熱水裡過水後盛裝至碗裡。

2

將豆芽菜、切片紅心蘿蔔、煮熟的白菜、毛豆、白髮蔥絲擺在麵條上。為了方便客人均勻拌麵，淋上少許炒肉醬的油汁。

舀取一大匙熱肉醬倒在配料上。

※ 麵條

材料 （4人份）

高筋麵粉…500g
水…約250g
鹽…5g

作法

1. 將高筋麵粉和鹽混合在一起，邊少量加水邊揉成麵團。揉好麵團後，用濕布覆蓋並靜置1小時。

2.

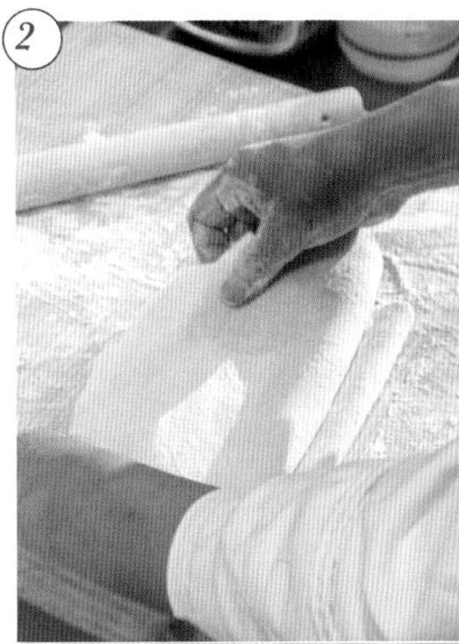

在工作檯上充分揉和麵團並擀成麵皮。多撒一些手粉（分量外的小麥麵粉），按照個人喜好切條成適當寬度。

※肉醬

材料（4人份）

豬五花肉…500g（切成1.5㎜立方塊狀）
長蔥…適量
生薑（切末）…適量
白絞油…大杓子1匙分量
A
長蔥（青蔥段）…1根分量
生薑（皮）…1個分量
洋蔥…1/4顆
八角…5粒
花椒粒…5g
桂皮…15g
月桂葉…3片
B
黃豆醬…150g
甜麵醬…150g
黃醬…150g
水…120g
紹興酒…30g

作法

1

鍋裡倒入白絞油加熱，放入A煸炒至香氣移轉至熱油裡。炒出香味後即可取出。

2

鍋裡添加足夠的油，接著倒入1.5㎜塊狀豬五花肉煸炒，炒至熱油變透明（注意不要讓肉塊變得太脆硬）。

肉塊水分蒸發且熱油變透明後，倒入B混合在一起，以小火慢慢熬煮。感覺太乾時，視情況加水。熬煮時邊攪拌，小心不要讓食材燒焦。

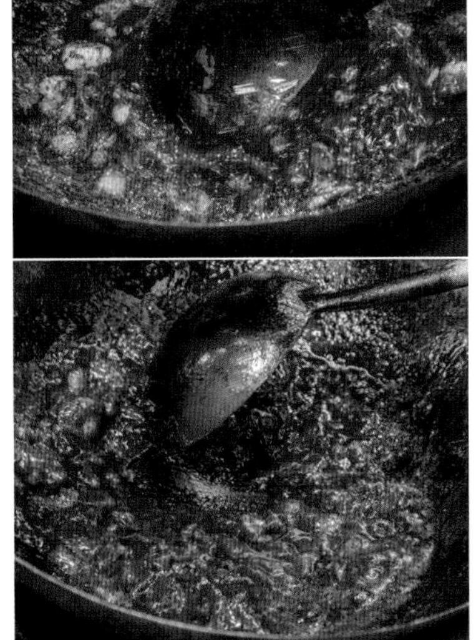

加入事先切成5㎜的蔥段和薑末，再稍微燉煮一下即可起鍋。

東京・名古屋

上海湯包小館 BINO 栄店

シャンハイタンパオショウカン

店家介紹詳見 P11

蒜薹

豬肝適合和多種蔬菜搭配在一起，韭菜就是其中一種，但這次的食譜主要使用蒜薹。

炒豬肝麵
（參考菜單）

炒豬肝麵是四川省北部廣安市武勝縣（靠近重慶）的特色美食。如字面所示，一道搭配炒豬肝的麵食料理。雖然屬於四川料理，卻一點都不辣。

日本有擔擔麵、五目拉麵、豆芽菜拉麵、叉燒拉麵等各類型招牌拉麵，但就是沒有以豬肝為配料的麵食料理。四川省武勝縣的炒豬肝麵有2種型式，一為只有豬肝一種配料，一為豬肝搭配蔬菜拌炒在一起，據說店家都會各自端出最獨具特色的炒豬肝麵。

這次為大家介紹的中式餐館，特色之一是使用雞骨架、豬骨熬煮的湯來烹調炒豬肝麵。

炒豬肝麵

材料

中華麵
雞骨豬骨湯
醬油醬汁
豬肝
豬肝調味…牛奶、日本清酒、醬油、太白粉
蒜薹
洋蔥
紅椒
薑泥
日本清酒…1 小匙
醬油…1 大匙
雞骨豬骨湯…2 ～ 3 大匙
砂糖…少許
鮮味粉…少許
胡椒…少許
水溶太白粉…適量
芝麻油…適量

作法

1

在切薄片且事先以牛奶浸泡的豬肝裡添加少許日本清酒、少許醬油和太白粉混合在一起調味。接著將調味豬肝放入鍋裡過油處理。

2

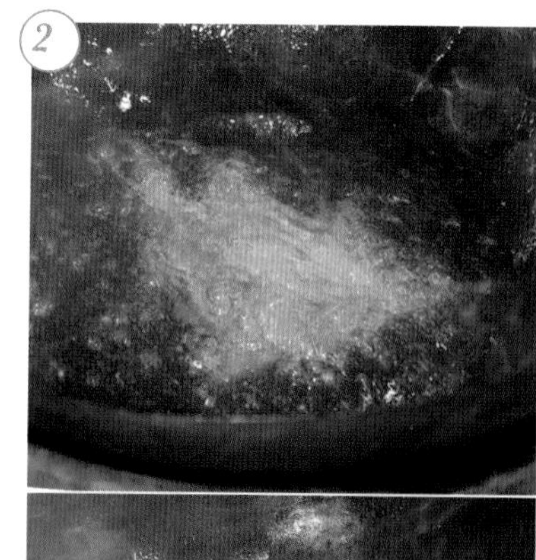

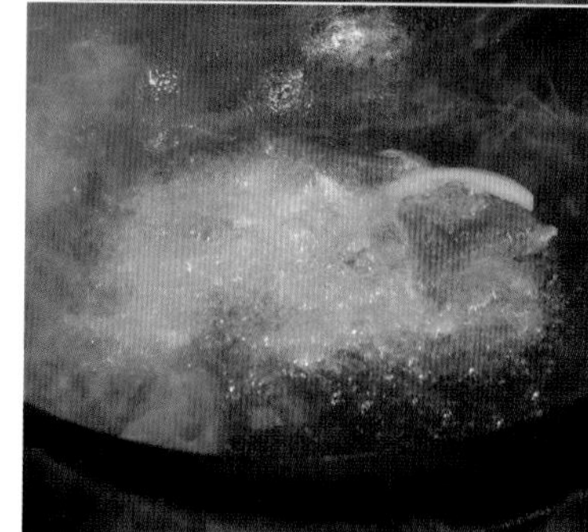

將蒜薹放入熱油中，發出啪滋聲響之後倒入切薄片的洋蔥、紅椒等食材一起過油。

3

熱油後放入薑泥煸香。炒出香味後將①和②一起倒入鍋裡。以日本清酒、醬油、雞骨豬骨湯、砂糖、鮮味粉調味後撒些胡椒。

4

以水溶太白粉勾芡，接著淋上芝麻油。

5

碗裡先倒入醬油醬汁、雞骨豬骨湯，接著放入煮熟的麵條，最後倒入④的配料就大功告成了。

東京・名古屋

上海湯包小館 BINO 栄店

シャンハイタンパオショウカン

店家介紹詳見 P11

中華麵（乾麵）

使用中華麵乾麵製作拌麵，充分享受麵條的口感。

核桃牛肉拌麵

（參考菜單）

拌麵是一種將配料、少許湯汁和麵條拌在一起享用的麵食料理。牛肉拌麵是中國福建省廈門的知名美食。除了以花生為配料，這次為大家介紹的是佐核桃醬汁的牛肉拌麵。使用生食等級的牛腿肉，淋上熱油拌合在一起，撲鼻香氣令人著迷。

核桃醬汁以核桃醬為基底，添加芝麻油、蒜蓉辣椒醬，打造充滿濃郁中華料理風味的醬汁。

核桃牛肉拌麵

材料 （2 人份）

食材
中華麵乾麵…100g
牛腿肉（生食等級）…40g
香菜…8g
核桃醬汁 ※…15g
油…芝麻油 1 小匙＋沙拉油 1 大匙
青蔥…適量

※ 核桃醬汁

材料 （配合上述食材的分量）

核桃醬…100g
鮮味粉…5g
鹽…3g
醬油…72g
芝麻油…15g
蒜蓉辣椒醬…15g

作法

1 將材料充分混合在一起。

作法

煮熟乾麵並瀝乾。

將麵條盛裝至碗裡，淋上胡桃醬汁。

將牛腿肉擺在胡桃醬汁上，四周撒些香菜和蔥花。

澆淋熱騰騰的油。

東京・名古屋

上海湯包小館 BINO 栄店

シャンハイタンパオショウカン

店家介紹詳見 P11

板麵

使用寬度 2 ㎜的手打麵。

馬來西亞風味板麵

（參考菜單）

板麵是馬來西亞最常使用的一種麵條。而使用板麵烹調的麵食料理是馬來西亞華人社區中非常受歡迎的特色小吃，有湯板麵和無湯的乾撈板麵之分。

板麵的製作材料包含中筋麵粉、鹽、水、鹼水，混合一起揉製成麵團，然後切條成略寬條狀。板麵最常搭配的配料包含豬肉、蕈菇、番薯葉和番薯莖、鯷魚等。湯板麵分為咖哩湯和辣椒湯 2 種口味。這次的食譜使用油炸至酥脆的伊吹魚乾取代鯷魚乾，製作充滿鮮味的湯板麵。

馬來西亞風味板麵

材料

板麵（生麵）…130g
肉醬 ※（P143）…1 大匙
伊吹魚乾…適量
白絞油…適量
番薯葉和番薯莖…30g
湯…300ml
鹽…2g
鮮味粉…1g
辣油…適量

作法

1

將伊吹魚乾倒入熱油中，油炸至酥脆。

2

將麵條煮熟。在這段期間先煸炒番薯莖，接著倒入湯、鹽和鮮味粉混合均勻。

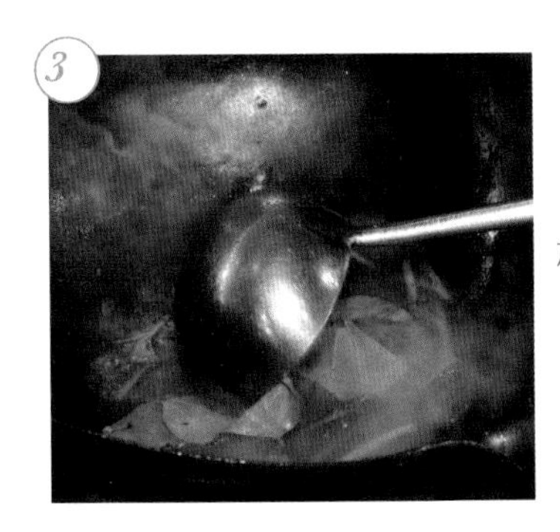

放入番薯葉一起煮。

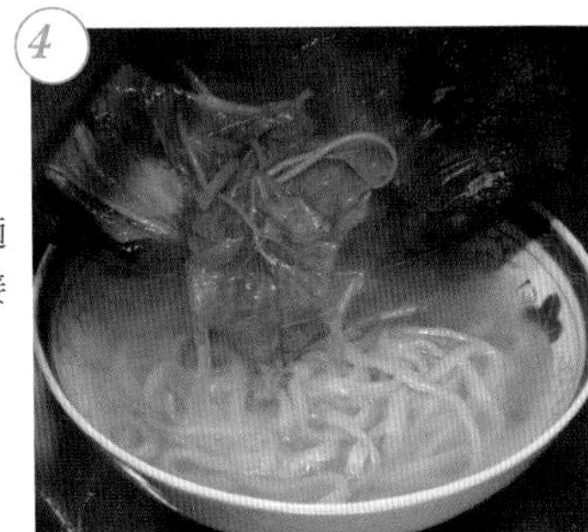

將煮熟且瀝乾的麵條盛裝至碗裡，接著倒入③。

倒入①油炸好的伊吹魚乾和 1 大匙油炸時使用的油，放入蔥和辣油後倒入肉醬。

※ 肉醬

材料（配合上述食材的分量）

豬絞肉…200g
榨菜（切碎）…20g
生薑泥…少許
砂糖…少許
鮮味粉…少許
鹽…適量
胡椒…少許

作法

將豬絞肉、榨菜和生薑泥放入鍋裡煸炒。

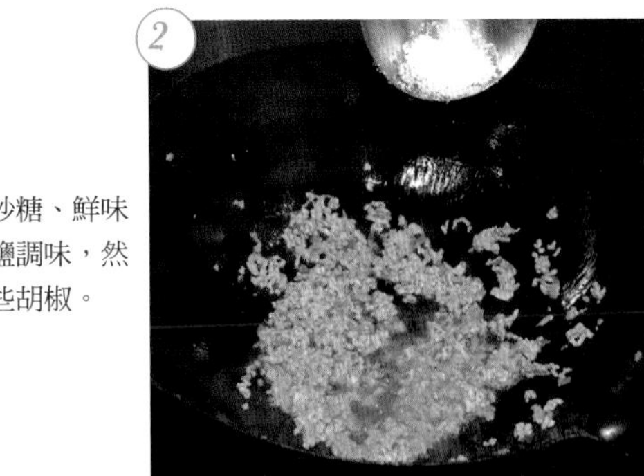

放入砂糖、鮮味粉、鹽調味，然後撒些胡椒。

東京・名古屋

上海湯包小館 BINO 栄店

シャンハイタンパオショウカン

店家介紹詳見 P11

紅油

活用甜醬油的甜味、醋、花椒的辣味調製成紅油。

素椒麵

（參考菜單）

素椒麵的「素椒」指的是乾燥紅辣椒。豇豆素椒麵是四川遐邇聞名的特色小吃，相當受到當地居民喜愛。麵條上鋪滿切細碎的醃漬豇豆，醃漬的酸味與辣味相互襯托。而素椒麵的種類五花八門，搭配肉醬的、搭配炸蝦的，使用粗麵條的或使用細麵條的。這次為大家介紹的是使用冬粉且搭配紅油（使用甜醬油製作）調味的素椒麵。

素椒麵

材料

冬粉（番薯澱粉製作）…100g
紅油 ※…適量
紅椒…1 個半
青椒…1 個半
芝麻油…適量
辣油…少許
花椒粉…少許
甜醬油…適量

※ 紅油

材料（依比例）

甜醬油 ※…1
醬油…1.5
醋…0.2
芝麻油…0.2
花椒粉…少許

作法

1 將材料混拌在一起。

※ 甜醬油

材料（配合上述食材的分量）

醬油…2kg
砂糖…2kg
日本清酒…300g
八角…25g
陳皮…27g
肉桂…35g
蔥…適量
生薑…適量

作法

1 將材料混合在一起，以小火熬煮 40 分鐘。注意不要煮過頭。

作法

1

青椒切成細長條，熱水汆燙備用。

2

冬粉煮到軟。煮熟後以冰水洗過，瀝乾後和芝麻油攪拌在一起。

3

將拌有芝麻油的冬粉盛裝至器皿中，澆淋紅辣油後混合均匀。

4

以汆燙過的青椒裝飾，澆淋辣油，輕撒花椒粉。最後在青椒上淋一些甜醬油。

東京·新宿

刀削麵·火鍋·西安料理

XI'AN

シーアン

新宿西口店

店家介紹詳見 P11

刀削麵的麵團

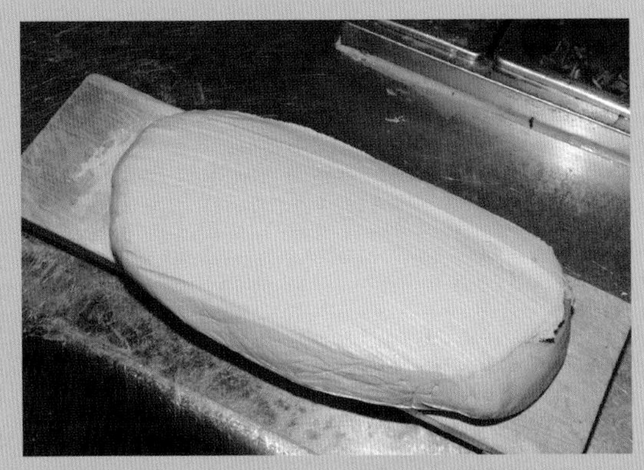

使用高筋麵粉、低筋麵粉、水和鹽製作麵團，不添加鹼水。鹽的用量比製作烏龍麵時少一些。搓揉成麵團後靜置一晚醒麵。

肉醬

作為配料使用的肉醬使用瘦肉比例高一些的豬絞肉，充滿濃郁的肉味與具有深度的甜辣味。

麻辣刀削麵

中國陝西省的省會城市西安是絲路的起點，有許多來自中東和伊斯蘭教的多樣化香料，因此這個地方誕生了不少具有獨特色彩風格的飲食文化。該餐廳提供許多「西安」當地的有名小吃，例如刀削麵、火鍋、西安料理等。而刀削麵中最受顧客青睞的就是麻辣刀削麵。

刀削麵是一種不加鹼水製作成麵團，而且直接用菜刀切削成麵條的麵食料理。1 人份約 400g（煮熟後），不僅具飽足感，口感也十分滑順容易吞嚥。事先用醬油、辣椒、雞骨湯、醋等調製醬汁備用，最後再注入雞骨湯完成一碗美味可口的刀削麵。

麻辣刀削麵

材料

刀削麵…400g（煮熟後）
醬汁 ※（P152）…30ml
辣醬…10ml
辣油…80ml
白芝麻…適量
雞骨湯…180ml
肉醬 ※（P154）…80g
花椒粉…少於 1 小匙
四季豆…1 根
香菜…適量

作法

1

將刀削麵麵團削切至煮麵鍋裡。麵條下水前 1 人份約 180g，煮麵時間約 3 分鐘。麵條煮熟後 1 人份約 400g，大碗則為 480g。

碗裡先倒入醬汁、辣醬、白芝麻。

注入雞骨湯後放入煮熟的麵條。

將肉醬盛裝至碗裡，淋上辣油。以煮熟的四季豆、香菜作為裝飾。最後撒些花椒粉。

※醬汁

將辣椒、辛香料、醬油、雞骨湯、醋等混合製作成醬汁。1人份的醬汁為30ml，搭配180ml的雞湯。這樣的烹調方式不僅提升料理速度，也能預防在碗裡混合調味料時出現分量失準的情況。每次製作一個星期所需分量，頻繁且用心製作。

材料（所需分量）

白絞油…200ml
紅辣椒…200g
草果…3個
蔥…200g
花椒…100g
八角…5個
月桂葉…10片
醬油…1.8L
雞骨湯…500g
穀物醋…5.4L
鮮味粉…1kg
鹽…100g
辣油…360ml

作法

1

將紅辣椒、草果、蔥、花椒、八角、月桂葉放入熱油中熬煮，讓香氣移轉至熱油中。

出現香味後，倒入醬油、雞骨湯。煮沸後轉為小火，繼續熬煮 20 分鐘左右。

接著加醋。再次沸騰後，繼續熬煮 5 分鐘左右。當醋味消散後加入鮮味粉和鹽，充分攪拌使其溶解。

過濾。過濾後的固體食材作為辣醬材料使用。

※ 肉醬

以 8 成瘦肉的豬絞肉製作肉醬。使用粗絞肉打造具有十足肉感的肉醬。添加豆瓣醬、醬油、番茄醬、甜麵醬，讓甜辣味更具層次感。

材料（所需分量）

豬絞肉…3kg
生薑泥…100g
蒜泥…100g
白絞油…500ml
豆瓣醬…200g
番茄醬…100g
醬油…200ml
砂糖…100g
鮮味粉…50g
甜麵醬…100g

作法

1 沿著鍋緣繞圈倒入白絞油，熱油後倒入豬絞肉煸炒。豬絞肉全撥散後，放入生薑泥和蒜泥，添加少量白絞油繼續炒。

炒至肉汁變透明後放入豆瓣醬、番茄醬混合在一起。

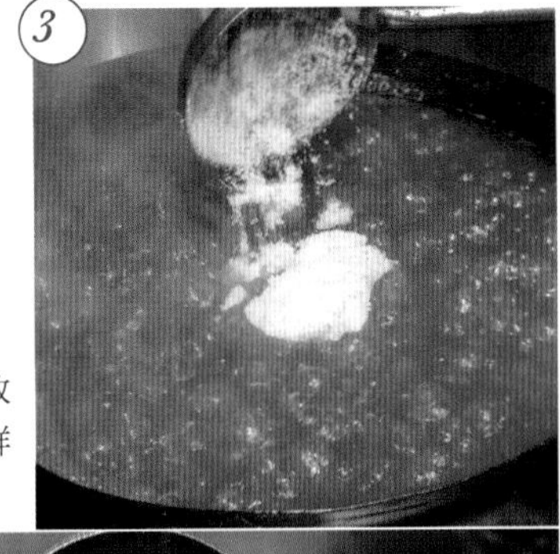

轉為中火，接著放入醬油、砂糖、鮮味粉混合在一起。

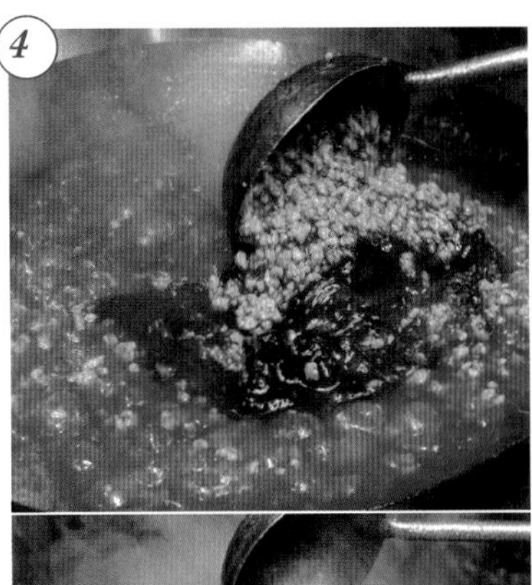

最後加入甜麵醬，確實翻炒均勻就完成了。

東京•六本木

焼肉 冷麺 ユッチャン 六本木店

店家介紹詳見 P11

添加葛根的麵條

使用從韓國進口添加葛根和蕎麥粉的黑麵條。葛根是一種具抗氧化、抗菌作用、分解酒精、排毒功用的超級食物。

高湯

以牛骨和蔬菜熬煮 6 個小時以上，調味後冷凍並攪拌成霰狀。霰狀高湯即使融化，味道也不會變淡。

醋、芥末醬

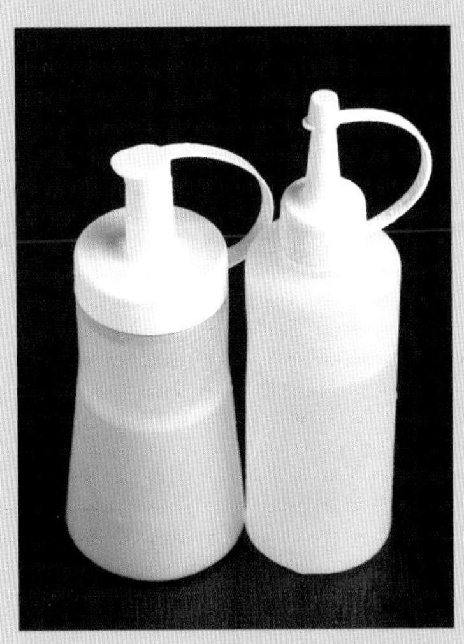

附上醋和芥末醬，讓味道更豐富。

葛冷麵

位於夏威夷歐胡島的「ユッチャンコリアンレストラン」是一家深受當地居民和觀光客喜愛的韓國料理餐廳。其中最特別的、讓人一吃成主顧的餐點是沁涼的湯冷麵。而「ユッチャン冷麵（YUCHUN）」餐廳也終於在 2019 年進軍六本木。冰涼且清爽可口的湯頭搭配嚼勁十足且兼具豐富營養素的葛根粉製成的韓國麵條，完美組合的韓國冷麵在日本受到相當不錯的評價，現在除了六本木，銀座、大阪、京都等地也都陸續開了分店。「YUCHUN 冷麵」的最大特色是半冷凍的霰狀湯頭。使用牛骨和蔬菜熬煮 6 個小時，然後放入冷凍庫中結凍，再以攪拌機攪拌成口感細緻的霰狀。以小麥麵粉和葛根粉製作的麵條，口感滑溜又容易吞嚥，堪稱是絕品。韓國道地冷麵會在湯裡加冰塊，隨著冰塊融化，味道也逐漸變淡，但 YUCHUN 冷麵是夏威夷特有品項，不僅外觀時尚，霰狀高湯即使融化了，依舊能夠維持沁涼又穩定的味道。夏威夷式的吃法通常是冷麵搭配韓式烤牛肉（Bulgogi）和韓式煎餅一起吃，但日本的餐廳，由於店長曾經在烤肉名店當學徒，憑藉自己的鑑賞力挑選高級和牛，讓客人能夠同時享用和牛烤肉和韓式家庭料理的美味。

葛冷麵

材料

添加葛根粉的麵條…170g
白蘿蔔（醃漬）…3 片
小黃瓜（醃漬）…3 片
小黃瓜（切細絲）…適量
牛叉燒…1 片
水煮蛋…1/2 顆
湯…適量

作法

1 先將麵條放入篩網中，連同篩網一起放入滾水中煮。

2 煮熟後用冷水沖洗。搓揉麵條以去除滑溜黏液。

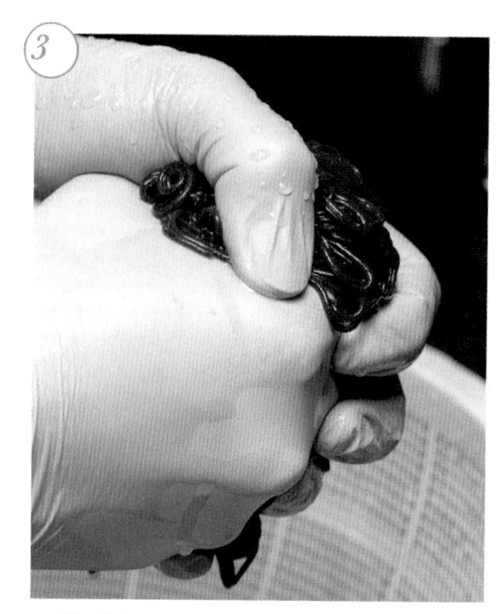

3 用雙手擠壓麵條，確實瀝乾水氣。

將麵條盛裝至器皿中，接著放入自製醃漬蘿蔔（調味和夏威夷本店相同）、醃漬小黃瓜、叉燒牛肉、水煮蛋，最後在麵條和配料四周倒入霰狀特製冷湯。

上桌時，提供桌邊剪切麵條的服務。避開配料，用剪刀將麵條剪個十字。

TITLE

亞洲人氣麵料理

STAFF

出版　瑞昇文化事業股份有限公司
作者　旭屋出版編集部
譯者　龔亭芬

創辦人 / 董事長　駱東墻
CEO / 行銷　陳冠偉
總編輯　郭湘齡
文字編輯　張聿雯　徐承義
美術編輯　謝彥如
國際版權　駱念德　張聿雯

排版　曾兆珩
製版　明宏彩色照相製版有限公司
印刷　桂林彩色印刷股份有限公司

法律顧問　立勤國際法律事務所　黃沛聲律師
戶名　瑞昇文化事業股份有限公司
劃撥帳號　19598343
地址　新北市中和區景平路464巷2弄1-4號
電話 / 傳真　(02)2945-3191 / (02)2945-3190
網址　www.rising-books.com.tw
Mail　deepblue@rising-books.com.tw
港澳總經銷　泛華發行代理有限公司

初版日期　2024年7月
定價　NT$420／HK$131

ORIGINAL JAPANESE EDITION STAFF

撮影　後藤弘行、曽我浩一郎（旭屋出版）／
キミヒロ、徳山喜行、佐々木雅久、野辺竜馬、間宮 博
デザイン　冨川幸雄（Studio Freeway）
編集・取材　井上久尚／伊能すみ子、河鰭悠太郎、山下美樹

國家圖書館出版品預行編目資料

亞洲人氣麵料理/旭屋出版編集部作；龔亭芬譯. -- 初版. -- 新北市：瑞昇文化事業股份有限公司, 2024.07
160面；19 x 25.7公分
ISBN 978-986-401-755-3(平裝)

1.CST: 麵食食譜

427.38　113008049

Ninkiten Ga Oshieru Asia No Menryouri